低重疊
原寸紙型
更好用

# 職人手作包

## 機縫必學的每日實用包款

*LuLu*彩繪拼布巴比倫 ◎著

飛天出版

preface

# 編 者 序

## 萬物終有成熟時，出書亦然。

從零開始的自製書，每次都會有心理準備將是一個細細熬製的過程，今年度正式開始製作本書的期間，跟LuLu老師通電話時聊到，回想第一次開會至今轉眼竟過了五年，兩人因為這不可思議的時間長度而一起笑了出來。

這五年間因為雜誌單元的長期合作，其實一直都保持著聯繫，因為理解創作是一個催不來也急不得的熟成過程，外加編輯不擅長高壓手段，故只有膽量做到偶爾溫柔提醒（雖然難免夜深人靜反省，若當初走高壓催稿路線，也許三年前就出版了啊啊啊……XD），但仍抱持有一天會水到渠成的信心。終於終於，在這些日子裡默默努力耕耘著的LuLu老師，在今年初給我個痛快了，耶嘿！

為了定案這些包款殺去台中開會時，才發現出現在眼前的作品是完完全全不同的第二批，款式、花色皆大更新。原來，因第一批作品隨著時間過去，在新鮮度及流行性的考量下，LuLu老師已自主淘汰了一輪，看見這全新的一批，吃驚過度的我又笑了，對手作包製作的熱情可以多強大，再度徹底感受了一回。

現在，迎來了最終的成果，期待讀者們都能喜歡，並樂在其中享受手作包從無到有的製作歷程，好好享受此種大量生產所無法企及的，以真誠加溫的暖度。

編輯Vivi

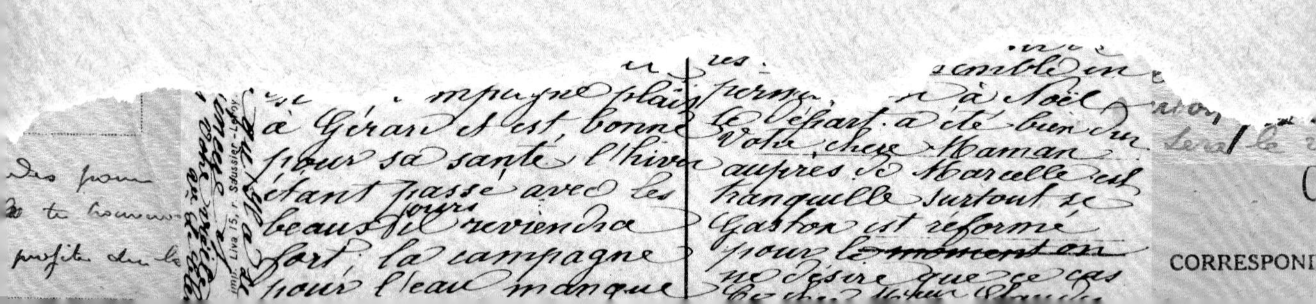

foreword

# 作 者 序

當手作包設計、教學、出版以快速作為市場導向的此時，慢工步調完成的〈職人手作包〉終於順利上市了。

首先感謝飛天／大樹林／教育之友出版社彭社長的支持，更要感謝編輯Vivi總是很open mind幫助我實現這一切，以及所有參與合作的夥伴們，大家辛苦了。

感謝每一位朋友每一位同好，因為你們的叮嚀關注，還有許多寶貴的意見和回饋，我寫書的意念才得以發芽。

感謝阿John爸爸、Andy哥哥和咪寶弟弟，一路默默相挺，給我發揮的空間和自由。我愛你們！

一本手作包工具書怎麼可以寫那麼久？

手作包V.S機縫，確實是我熟悉且如日常例行公事一般的現在完成進行式，但作為寫書主題，似乎缺少了什麼。我想，藉由撰寫〈職人手作包〉，為各位呈獻一場回歸手作本質，力行職人精神的低調展演。

這本書的作品發想，以結構耐用的每日實用包款為主。為求臻於黃金比例的款式造型，我開始著手一連串地設計、模擬、實做、修正……在反覆循環的進程裡，我時時砥礪自己要精益求精：「對作品有堅持有責任，即使必需花上加倍的時間也值得，因為這將使它更美好完整。」所有收錄於書中的版型，即是去蕪存菁下的甜美果實，請大家細細品嘗吧！

書裡的作法分享，舉凡裁布說明、製作方式、重點技巧和步驟安排，在有限的篇幅裡均盡力做到清晰明白，期能讓更多喜愛動手做包的朋友也能完成屬於自己的職人手作包。

另外，手作包必會牽涉到的配色課題，從被廣泛使用的素面帆布、印花棉／麻布到圖案防水布，我以呼應星座特質為依規，提供了涵蓋多樣風格的色彩選擇搭配給大家參考。配色是很主觀有趣的課題，根據星座個性大玩色彩遊戲的挑戰將會獲得更多心得，各位一定要試試看。

衷心企盼本書能讓大家對機縫手作包有全新的認識。手作本質裡雋永珍貴的價值和令人醉心的細膩手感，機縫做得到，我做得到，你們也做得到。

謹以此書獻給：曾經，現在，和即將喜愛手作包的你。

Luly Lai

# 目錄

# 蘋果西打造型包

蘋果形狀的袋口線條，帶著自然甜美的流線感。
飽和充實的膨膨外表既可愛又俏皮，俐落地一背就能外出，
像喝下一杯甜甜汽水般的清爽愉快。

難易度：⏰⏰
完成尺寸：W34×H25×D11cm

紙型
A面

APPLE CIDER

## MATERIALS 材 料 以下裁布示意圖，均以幅寬110cm布料作示範排列

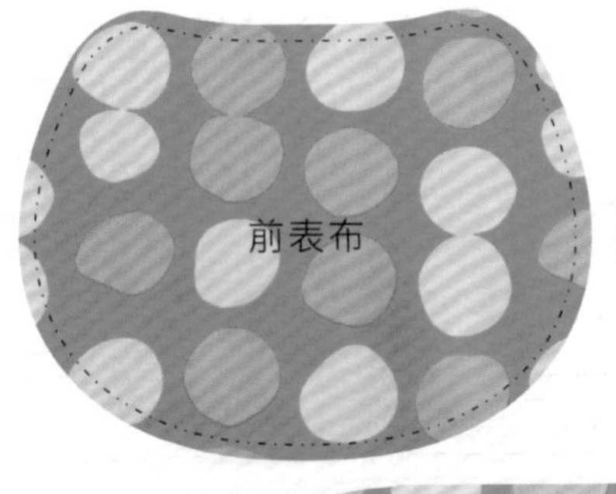


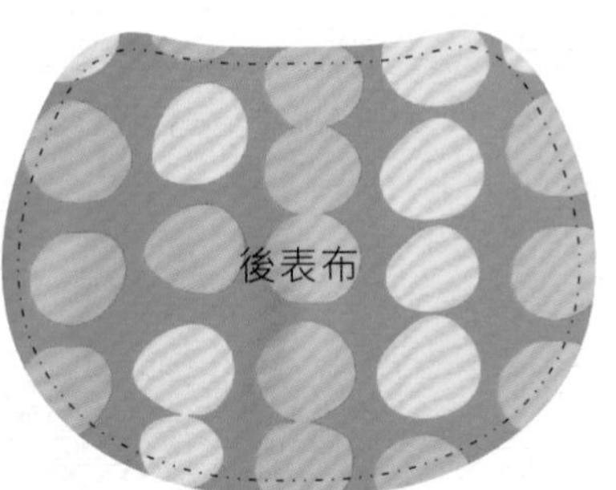


拉鍊口布表布

拉鍊口布表布

圖案布

| | | |
|---|---|---|
| 前表布 | 依紙型裁剪 | 一片 |
| 後表布 | 依紙型裁剪 | 一片 |
| 拉鍊口布表布 | 裁32×3.5cm（含縫份） | 共二片 |
| 側身表布 | 依紙型裁剪 | 一片 |

側身裡布

拉鍊口布裡布

拉鍊口布裡布

單色布1

| | | |
|---|---|---|
| 側身裡布 | 依紙型裁剪 | 一片 |
| 拉鍊口布裡布 | 裁32×3.5cm（含縫份） | 共二片 |

前裡布

單色布2

| | | |
|---|---|---|
| 前裡布 | 依紙型裁剪 | 一片 |
| 後裡布 | 依紙型裁剪 | 一片 |

其它副料

| | | | |
|---|---|---|---|
| 拉鍊長30cm或35cm | 一條 | D型環側邊皮片 | 二組 |
| 寬2.5cm人字帶 | 約需210cm | 斜背帶 | 一組 |

## INSTRUCTIONS 作 法 除特別指定外，縫份均為1cm

### ① 拉鍊口布和側身的製作 ※示範使用長35cm拉鍊，需修剪拉鍊頭尾多餘的部分，詳見作法說明。

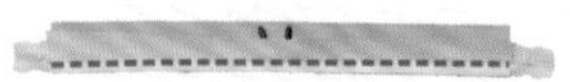

1 口布表／裡布各一片，正面相對夾車拉鍊的一邊，如圖（拉鍊和口布表布正面相對）。

2 翻至正面，壓車臨邊線。

3 同法，另二片口布表／裡布夾車拉鍊的另一邊並壓車。注意，口布＋拉鍊＋口布完成的寬度需控制在6cm，以符合側身表裡布的寬度。

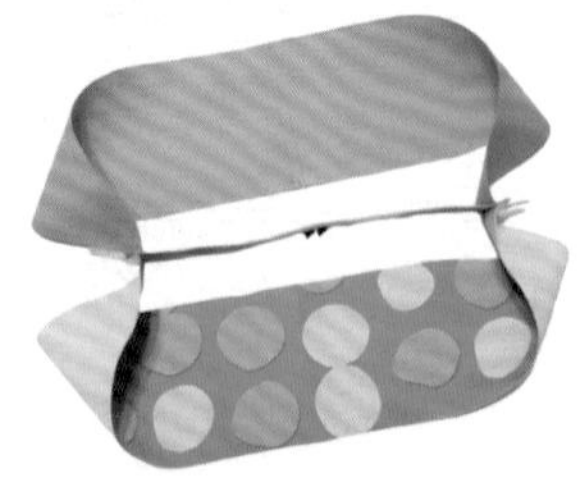

4 裁剪側身表／裡布各一片。二片夾車拉鍊口布兩端，如圖。

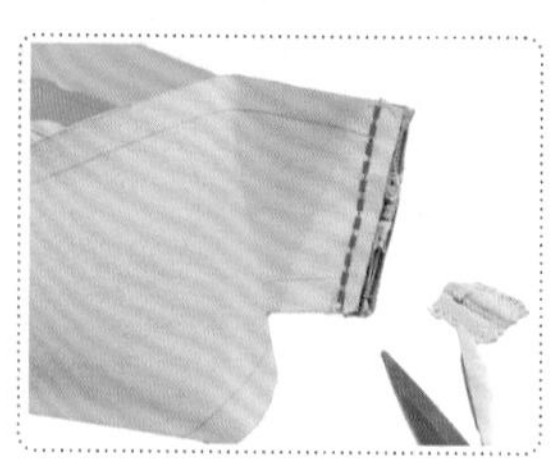

5 示範使用長35cm拉鍊。因長度較口布長，所以需修剪拉鍊頭尾多出的部分。

6 翻回正面，縫份倒向側身並壓車。以上，完成拉鍊口布和側身成一輪狀。

### ② 前後表／裡布的製作

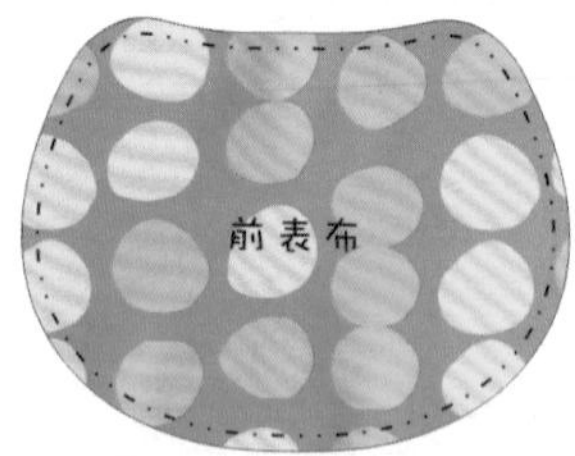


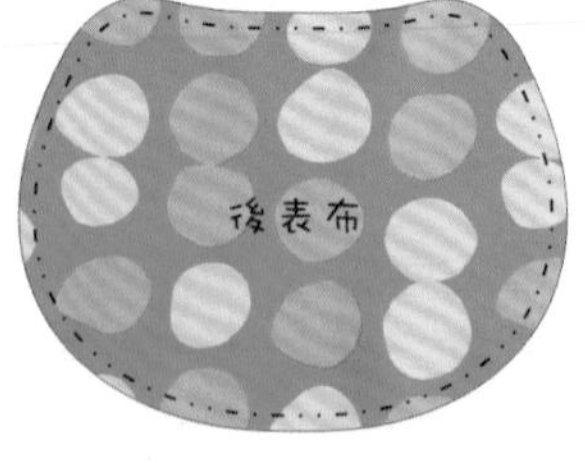


7 裁剪前／後表布各一片。

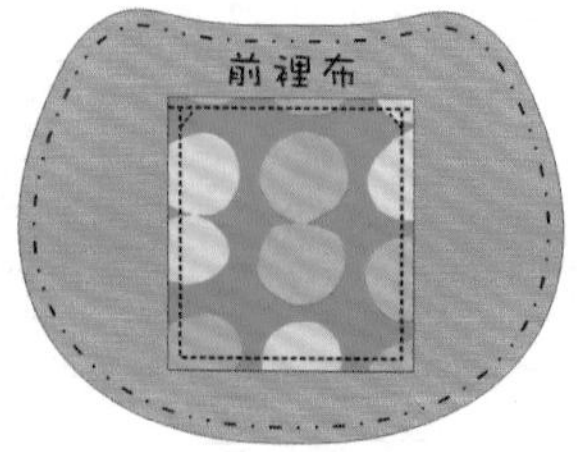


8 裁剪前／後裡布各一片，依喜好縫製內裡口袋。

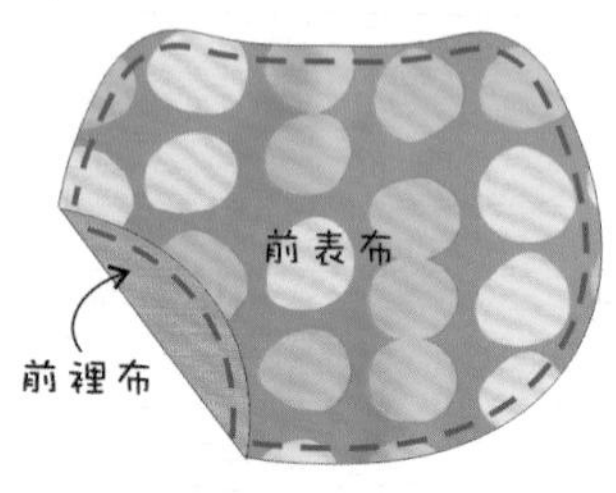


9 前表布和前裡布反面相對，周圍粗縫固定。

## ❸ 全體的組合

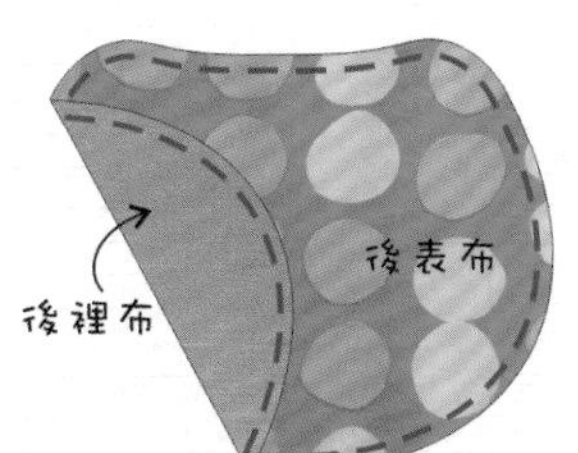


10 後表布和後裡布反面相對，周圍粗縫固定。

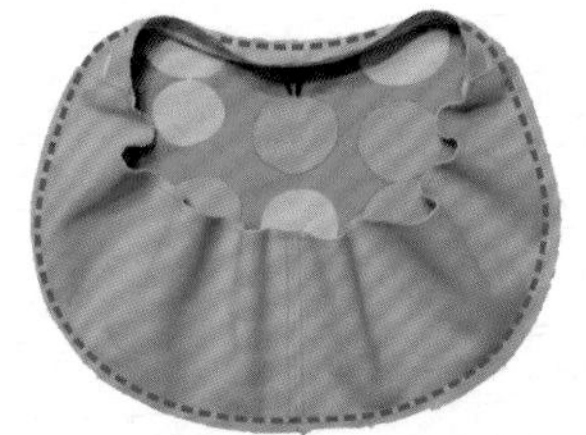

11 步驟❶和前表布正面相對縫合。注意拉鍊口布的合印對齊。

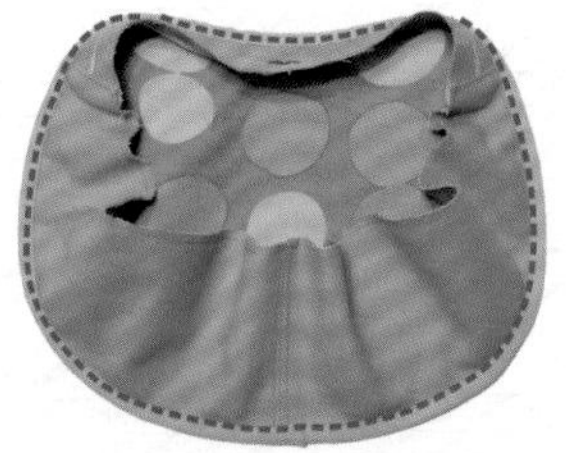

12 以人字帶包覆縫份形成包邊。

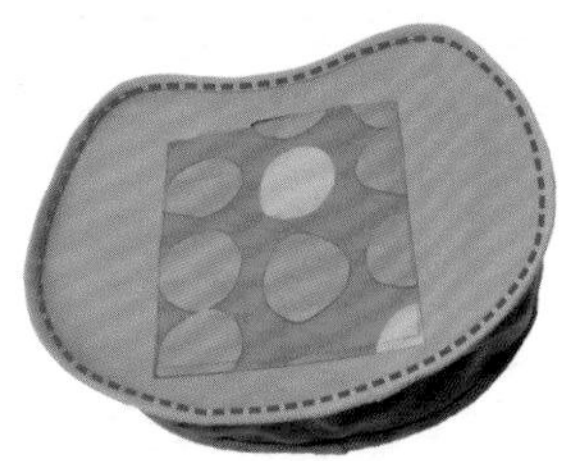

13 同法，步驟❶另一邊和後表布正面相對縫合，並以人字帶包覆縫份。全體完成如圖。

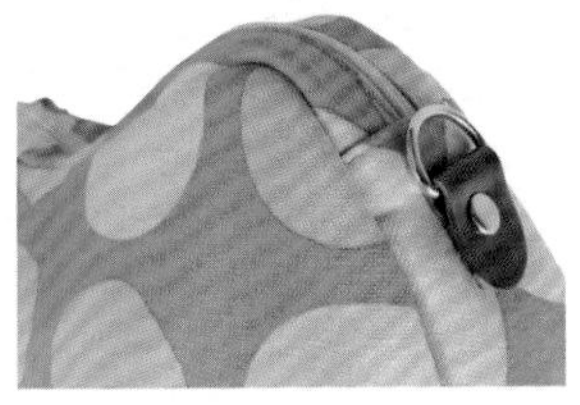

14 全體翻回正面。於兩側釘上側邊皮片和D型環。

15 最後勾上斜背帶。完成！

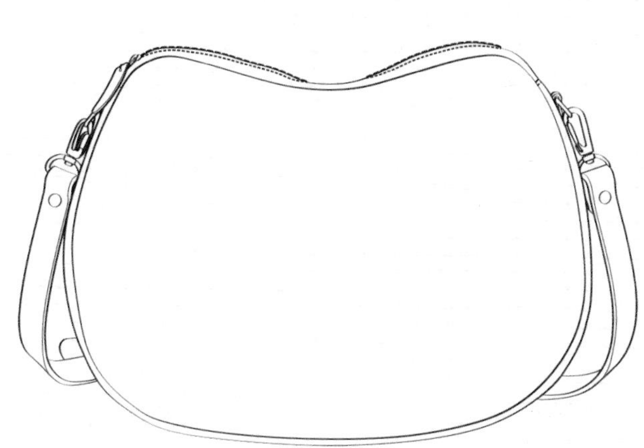

## Pink粉紅for Libra天秤座

A colorful handbag makes Librans look more beautiful.
This pink and blue crossbody bag brings out their beauty.

## Yellow黃色for Gemini雙子座

Yellow is a fabulous and lucky color to be incorporated into Gemini fashion. This cheerful and bright crossbody bag would be suitable for them.

## Green 綠 for Virgo 處女座

The pop colors for this crossbody bag are combinations of green and blue, along with a brown leather strap.
Go Virgos! Try this on!

## Medium blue 中藍色 for Sagittarius 射手座

Sagittarians love to give and are very ambitious.
Wear this crossbody bag that will show their way of making a style statement.

# 花姿綻放派對包

正反不同的取圖構思讓袋身恰似一幅畫作，
低調裝飾側身的燙鑽隱隱閃爍，即使尺寸精緻小巧，
仍有著不容忽視的萬種風情。

難易度：⏰⏰
完成尺寸：W20×H15×D7cm

紙型
A面

PARTY HANDBAG

## MATERIALS 材 料 以下裁布示意圖，均以幅寬110cm布料作示範排列

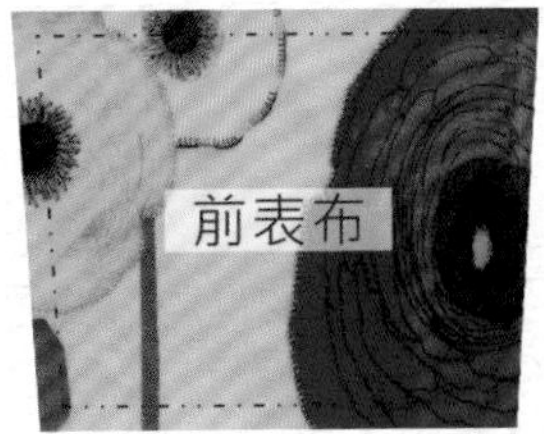

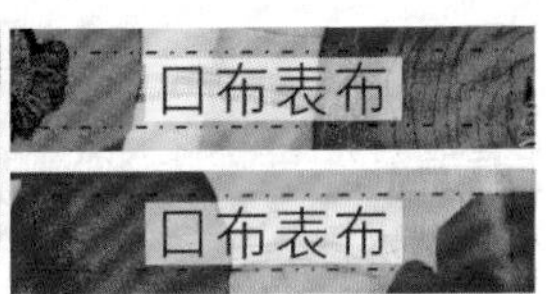


**圖案布**

| | | |
|---|---|---|
| 前表布 | 依紙型裁剪 | 一片 |
| 後表布 | 依紙型裁剪 | 一片 |
| 表布底 | 依紙型裁剪 | 一片 |
| 口布表布 | 依紙型裁剪 | 共二片 |

另取圖於側邊表布作大範圍貼布縫

前裡布

側邊表布

側邊裡布

表布底

裡布底

口布裡布

口布裡布

**單色布**

| | | |
|---|---|---|
| 側邊表布 | 依紙型粗裁 | 共二片 |
| 前裡布 | 依紙型裁剪 | 一片 |
| 後裡布 | 依紙型裁剪 | 一片 |
| 側邊裡布 | 依紙型裁剪 | 共二片 |
| 口布裡布 | 依紙型裁剪 | 共二片 |
| 表布底 | 依紙型裁剪 | 一片 |
| 裡布底 | 依紙型裁剪 | 一片 |

**其它副料**

| | |
|---|---|
| 燙鑽 | 數顆 |
| 淑女口金 | 一組 |

## INSTRUCTIONS 作 法 除特別指定外，縫份均為1cm

### ❶ 側邊表布的製作

1 粗裁側邊表布，另裁防水布（取圖裁剪）。將取好圖的防水布置於側邊表布適當位置；依喜好選擇縫紉機花樣，沿防水布的圖案輪廓進行機縫貼布縫。

2 然後依紙型裁剪為正確的含縫份尺寸。

3 共需完成側邊表布二片。

## ❷表布底的製作

4 表布底增厚：表布底裁帆布和防水布各一片。二片反面相對重疊對齊，周圍粗縫固定。

## ❸側身表布一整片

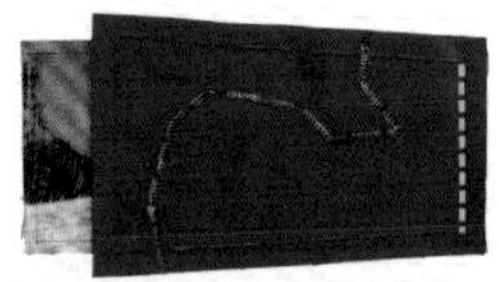

5 一端與側邊表布正面相對縫合，由點縫到點即可。

6 縫份攤開並壓車。

7 同法，另一端接縫另一片側邊表布並壓車。完成側身表布一整片。

## ❹口布的製作

8 取口布表／裡各一片。正面相對，上邊縫合。

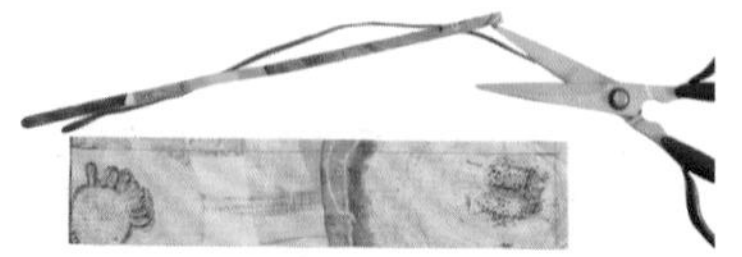

9 將縫份修窄。

10 縫份攤開並壓車。

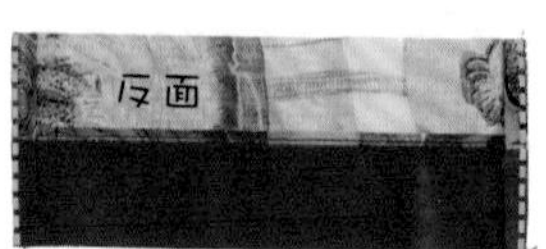


11 兩端縫份內折1cm並壓車臨邊線。

12 共需完成口布二組。

## ❺前／後表布的製作

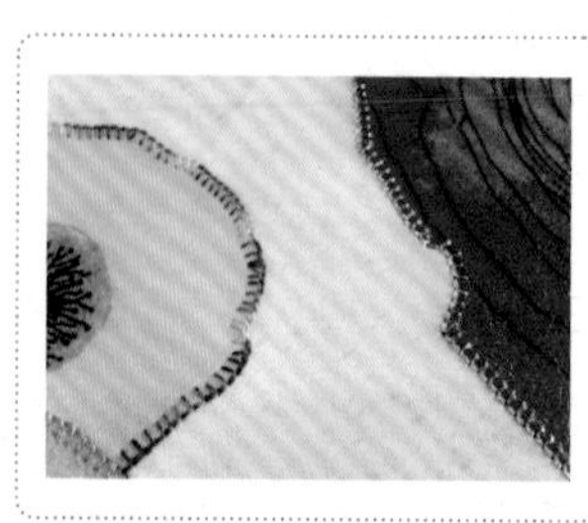

13 前表布一片，於重點圖案上沿輪廓做機縫刺繡。

14 同法，後表布一片，於重點圖案上沿輪廓做機縫刺繡。

## ❻表袋身的製作

15 將口布對折，粗縫固定，如圖。

16 口布正面朝下，粗縫固定於前表布上邊，注意置中。

17 同法，另一片口布對折，粗縫固定於後表布上邊置中位置。

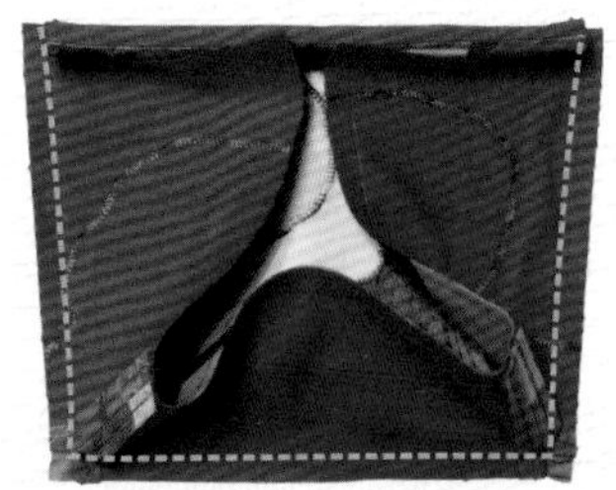

18 步驟❸與前表布ㄩ形邊正面相對縫合。※縫合後可將縫份修窄，尤其是修剪轉角處的縫份，以避免縫份過厚不平順不美觀。

19 步驟❸另一邊與後表布ㄩ形邊正面相對縫合。

## ❼ 前／後裡布的製作

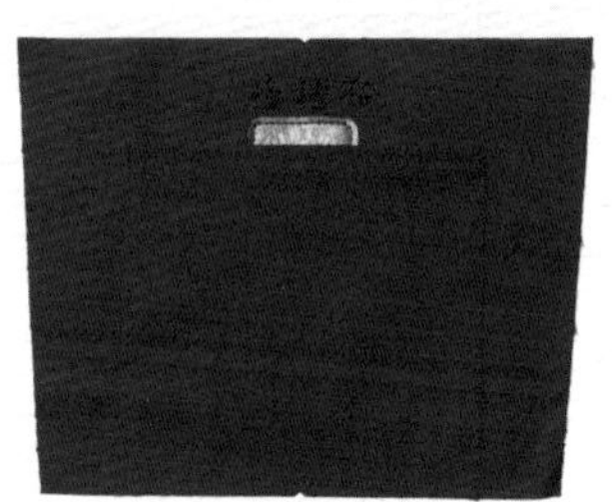

20 前／後裡布各一片，依喜好縫製內裡口袋。

## ❽ 側身裡布的製作

21 側邊裡布＋裡布底＋側邊裡布接縫成一整片（由點縫到點）；縫份攤開並壓車。

## ❾ 裡袋身的製作

22 參照❻表袋身的製作，但需預留一返口不縫。完成如圖。

## ❿ 全體的組合

23 表袋套入裡袋，正面相對，上邊縫合。

24 由裡布返口翻回正面。袋口兩側壓車臨邊線。裡布返口藏針縫。

25 於側邊表布帆布的部分，黏貼水鑽裝飾。

26 口布裝置淑女口金。螺絲帽務必鎖緊。完成！

## Red紅色for Aries牡羊座

Red is the power color for Aries. Wear it for the courage, drive or vigor.

## Tiffany blue蒂芬妮藍for Aquarius水瓶座

Aquarius is involved with bright color. Wearing all shades of green and blue helps to quiet the mind and soul.

## Silvery white銀白 for Cancer 巨蟹座

Moon rules the sign of Cancer, and that is why silver, white, and even grey are favourable for them.

## Black coffee 黑咖啡 for Capricorn 魔羯座

Capricorn is born at the quietest and darkest moments of the year, thus Capricorns lean towards black, grey and dark colors.

# 落日垂墜包

細膩地抓好皺褶，準確地車縫，使兩側形成平衡。
納入適當的重量，讓皺褶更加明顯，
提著、背著都加倍好看。

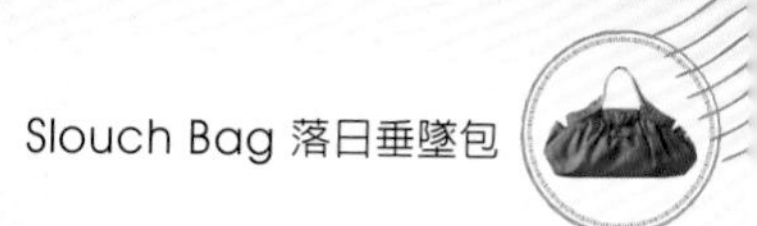

難易度：⏰⏰⏰⏰

完成尺寸：W45×H25×D11cm

## MATERIALS 材 料 以下裁布示意圖，均以幅寬110cm布料作示範排列

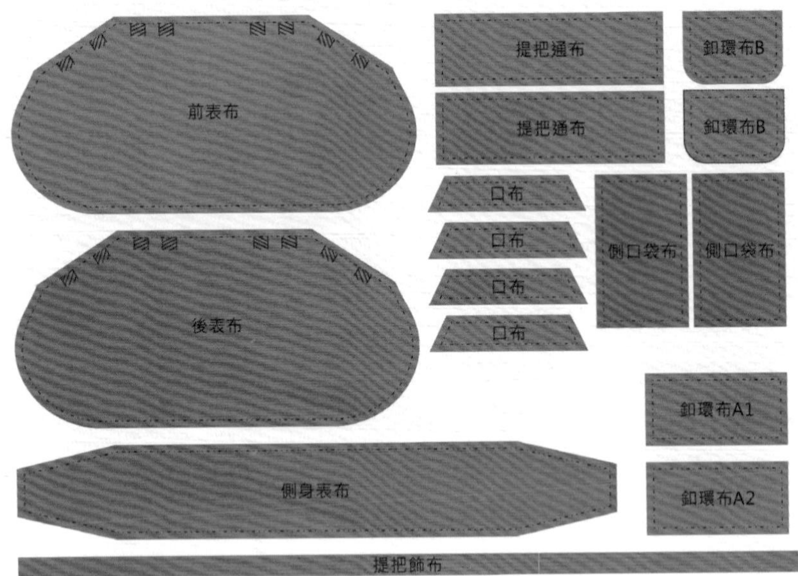


**單色布**

| | | |
|---|---|---|
| 前表布 | 依紙型裁剪 | 一片 |
| 後表布 | 依紙型裁剪 | 一片 |
| 側身表布 | 依紙型裁剪 | 一片 |
| 側口袋布 | 裁13×21cm（含縫份） | 共二片 |
| 口布 | 依紙型裁剪 | 共四片 |
| 提把通布 | 裁32×10cm（含縫份） | 共二片 |
| 釦環布A1 | 裁20×10cm（含縫份） | 一片 |
| 釦環布A2 | 裁20×10cm（含縫份） | 一片 |
| 釦環布B | 依紙型裁剪 | 共二片 |
| 提把飾布 | 裁3×110cm（含縫份） | 一片 |

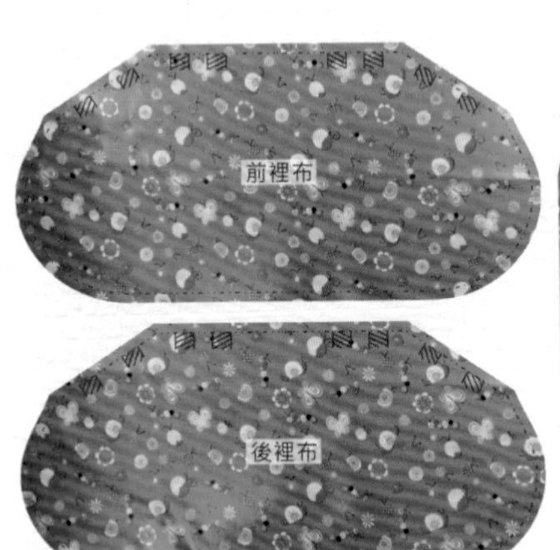

**圖案布**

| | | |
|---|---|---|
| 前裡布 | 依紙型裁剪 | 一片 |
| 後裡布 | 依紙型裁剪 | 一片 |
| 側身裡布 | 依紙型裁剪 | 共二片 |

**其它副料**

| | | |
|---|---|---|
| 底部加厚用布 | 裁42×10cm | 共二片 |
| 寬3cm織帶 | 長約110cm | |
| 內徑2.5cm圓環 | | 一個 |
| 撞釘磁釦 | | 二組 |
| 8×6m/m鉚釘 | | 六組 |

## INSTRUCTIONS 作 法 除特別指定外，縫份均為1cm

### ❶ 前／後表布的製作

1 前／後表布上邊依紙型標示打活褶，並粗縫固定。

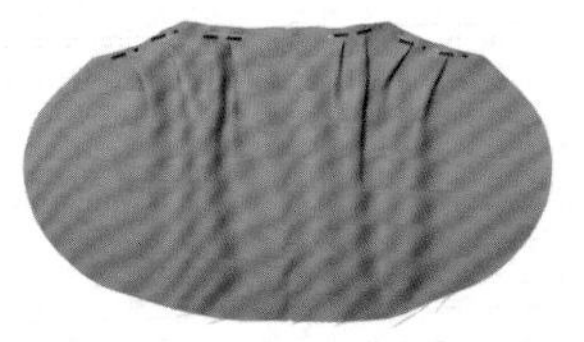
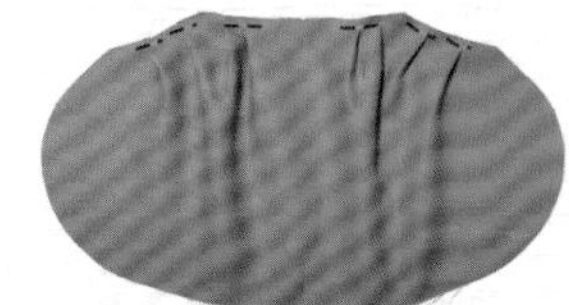

### ❷ 側口袋和側身表布的製作

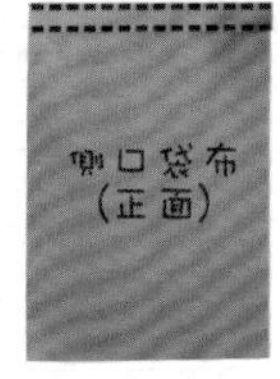


2 側口袋布共需二片。上邊折入1cm，再往下折1.5cm，壓車二道直線。

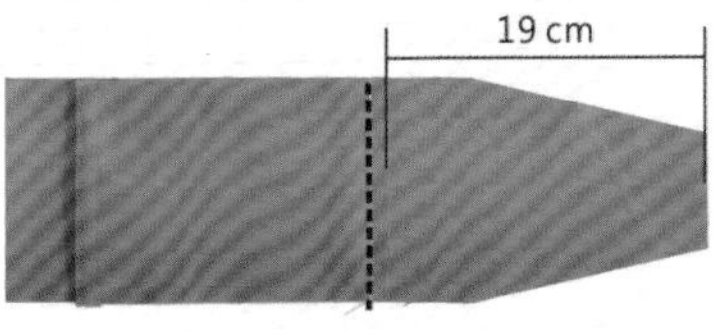


3 取一片側口袋布，正面朝下，車縫於側身表布一端指定位置。

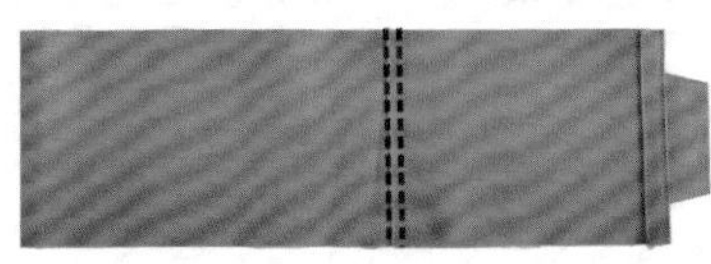

4 側口袋布翻至正面，如圖壓車二道直線。

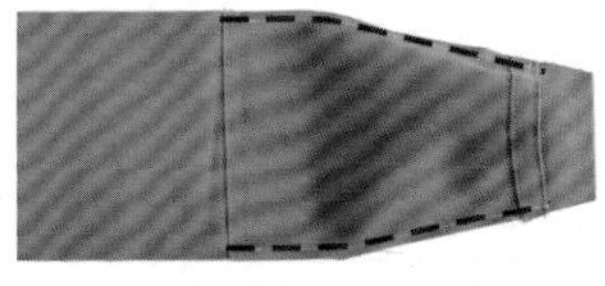

5 粗縫側口袋兩側固定於側身表布。

6 同法，另一片側口袋布車縫固定於側身表布另一端。完成如圖。

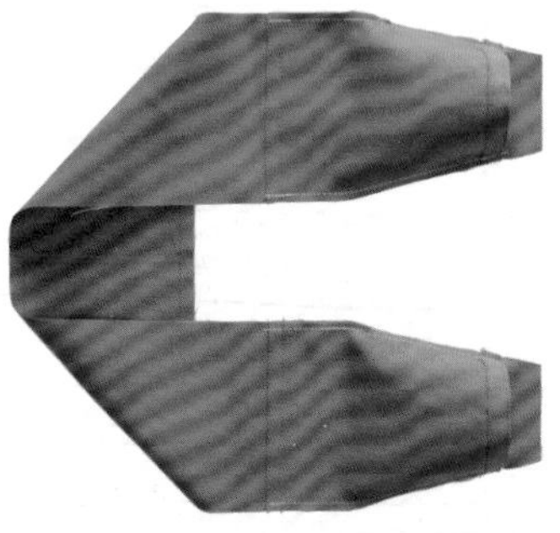

### ❸ 表袋身的製作

7 步驟❷和前／後表布U形邊正面相對縫合。

8 裁剪口布二片。分別與前／後表布上邊正面相對縫合。→口布往上翻，縫份倒向上並壓車。此步驟作法同15～17裡袋身的製作。完成表袋身。

### ❹ 裡布的製作

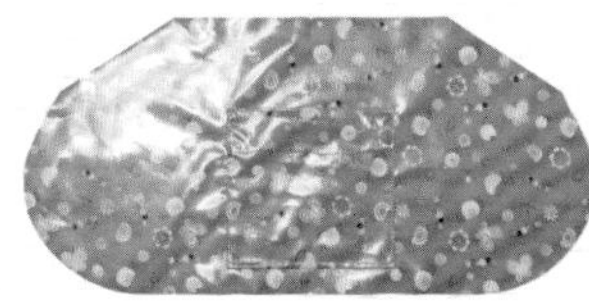
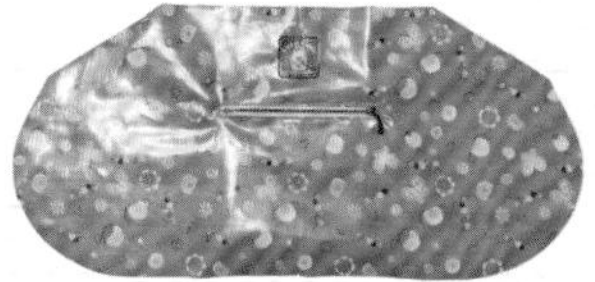

9 前／後裡布各一片，依喜好縫製內裡口袋。

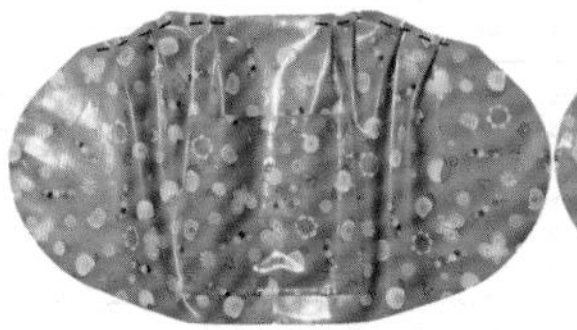
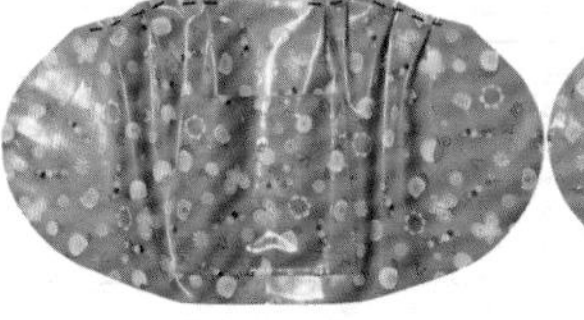

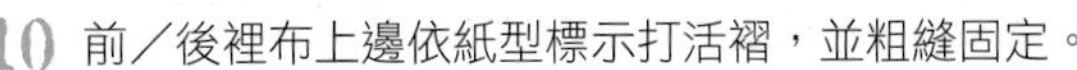

10 前／後裡布上邊依紙型標示打活褶，並粗縫固定。

## ❺ 側身裡布的製作

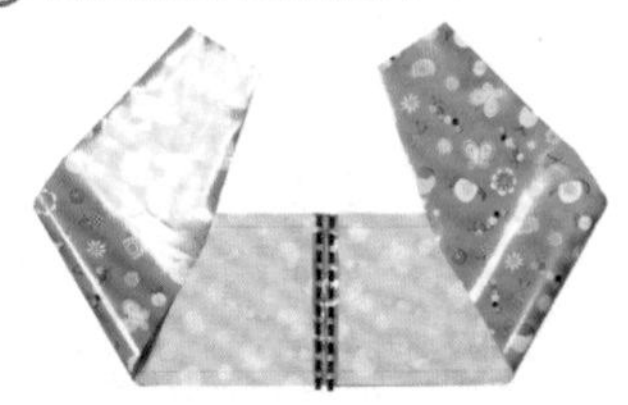
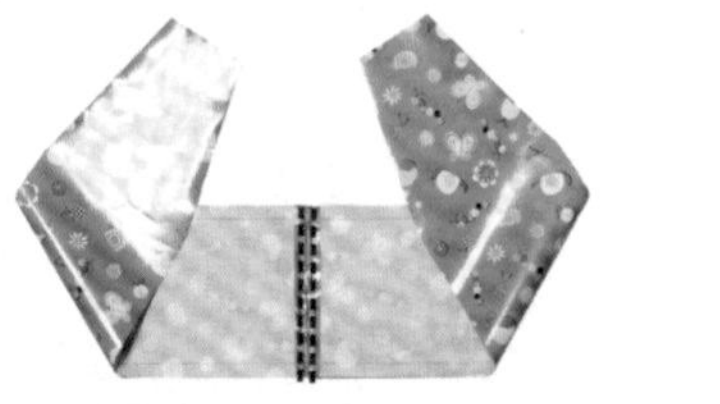

11 裁剪側身裡布二片。二片正面相對，下邊縫合。縫份攤開並壓車，成為側身裡布一整片。

## ❻ 裡袋身的製作

12 側身裡布與前裡布U形邊正面相對縫合。

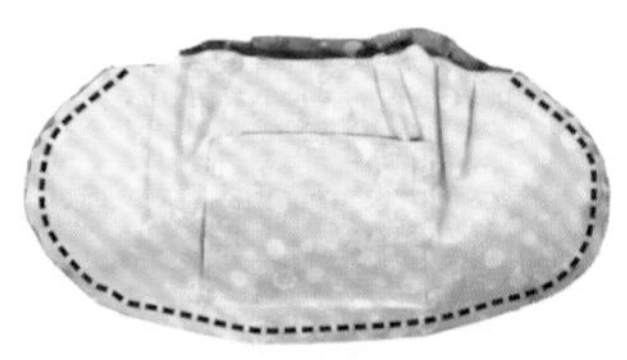

13 側身裡布另一邊與後裡布U形邊正面相對縫合。

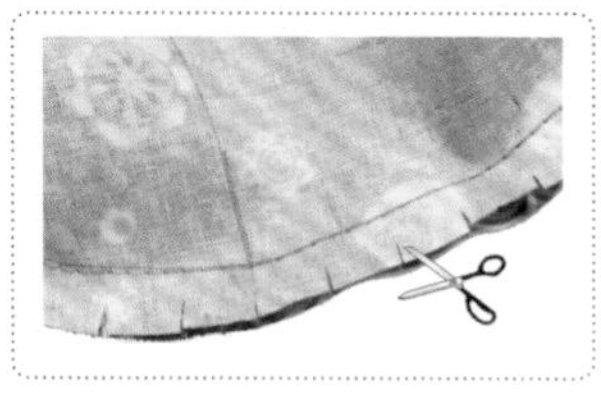

14 側身裡布和前／後裡布弧度邊縫合的縫份處務必剪牙口。

15 裁剪口布二片。其中一片口布和前裡布上邊正面相對縫合。

16 口布往上翻，縫份倒向上並壓車。

17 同法，另一片口布和後裡布上邊縫合並壓車。至此，完成裡袋身。

## ❼ 釦環布的製作

裁剪釦環布A1和A2各一片，尺寸均為20×10cm（含縫份）。依紙型裁剪釦環布B二片。

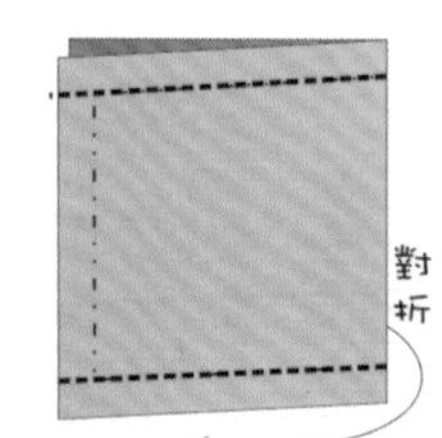


18 釦環布A1對折，如圖縫合。

19 由開口翻回正面，二邊壓車臨邊線。

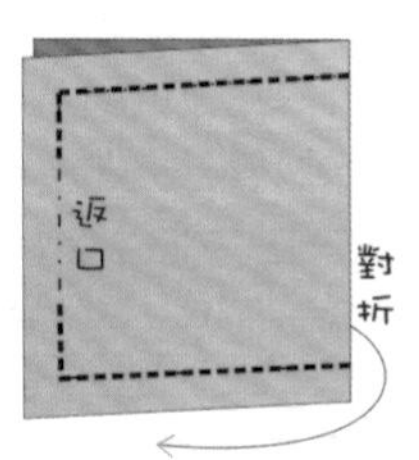


20 釦環布A2對折，預留一返口，縫合。

21 由開口翻回正面，四邊壓車臨邊線。

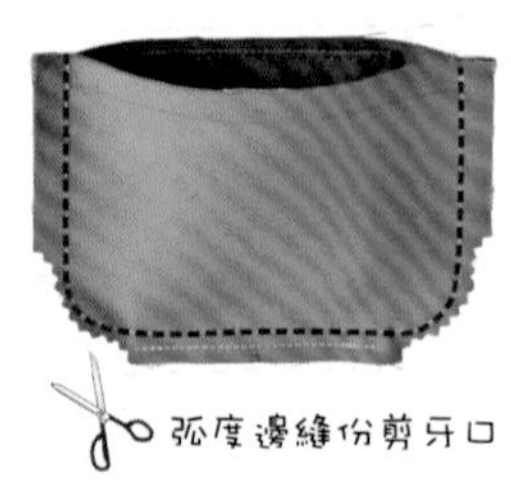


22 接下來，二片釦環布B正面相對U形邊對齊，夾車釦環布A1（注意置中）。

23 由上邊開口翻回正面，釦環布B的U形邊壓車臨邊線。

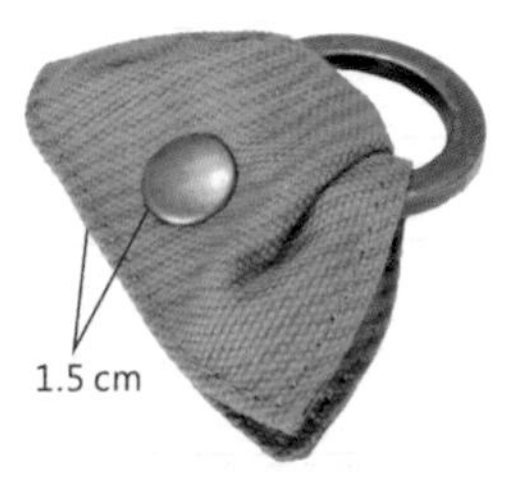


24 釦環布A2穿入圓環，對折，整理好皺褶，釘上撞釘磁釦的公釦。

## ❽ 底部加厚處理

底部加厚用布裁42×10cm二片。

25 底部加厚用布二片疊合，周圍粗縫固定。→打六個鉚釘洞（鉚釘洞距邊約1cm）。

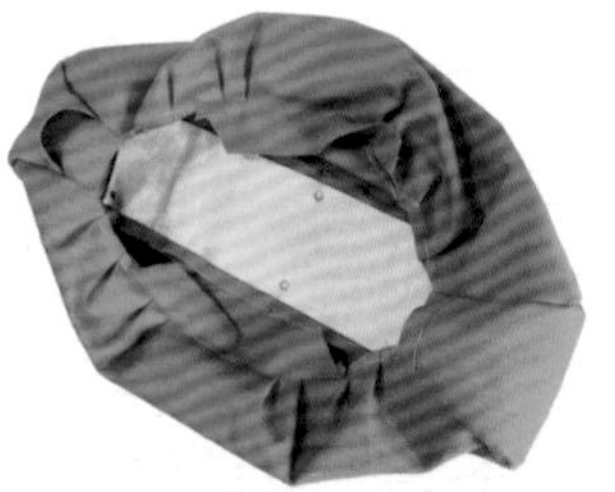

26 然後，置於表袋身底部裡側，注意置中，以鉚釘固定。

## ❾ 全體的組合

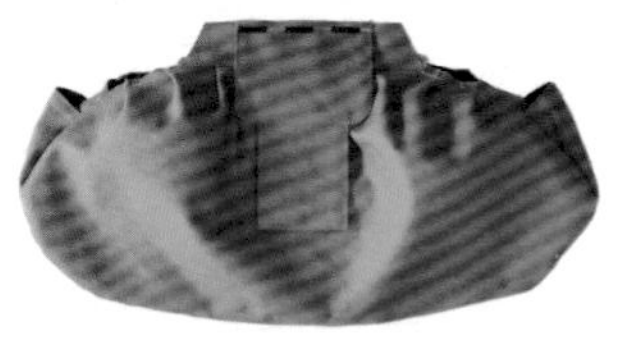

27 將步驟❼（釦環布B＋A1）正面朝下，粗縫於後表布的口布上邊。

28 表袋套入裡袋，正面相對，縫合表／裡袋的口布上邊。

29 翻回正面，口布上邊壓車臨邊線。

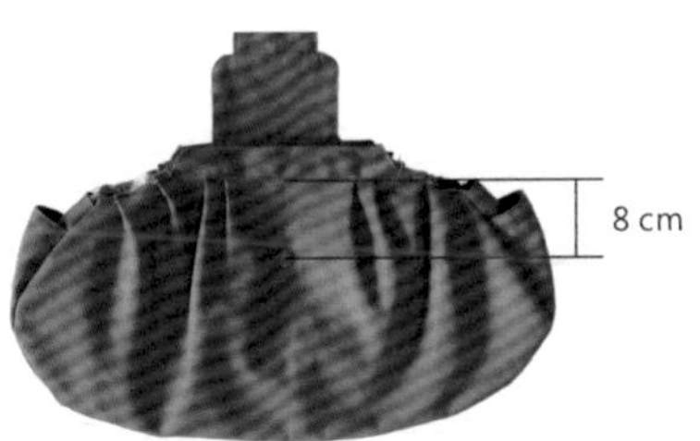


30 先於前表布中央適當位置釘上撞釘磁釦的母釦。

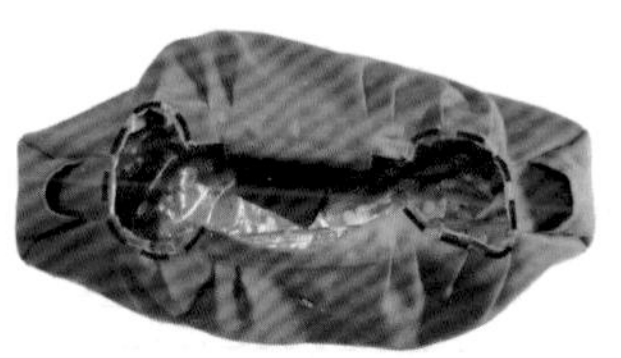

31 袋口兩側粗縫固定。

## ❿ 提把通布和提把的製作

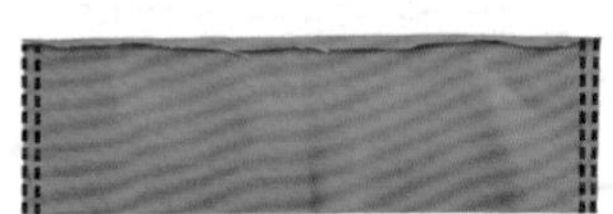

32 裁剪提把通布32×10cm（含縫份）二片。兩端折入1cm，分別壓車二道直線。→然後將一長邊縫份往內折入1cm。

33 取一片提把通布，置於左袋口裡側（正面相對），上邊縫合。

34 另一片提把通布，置於右袋口裡側（正面相對），上邊縫合。

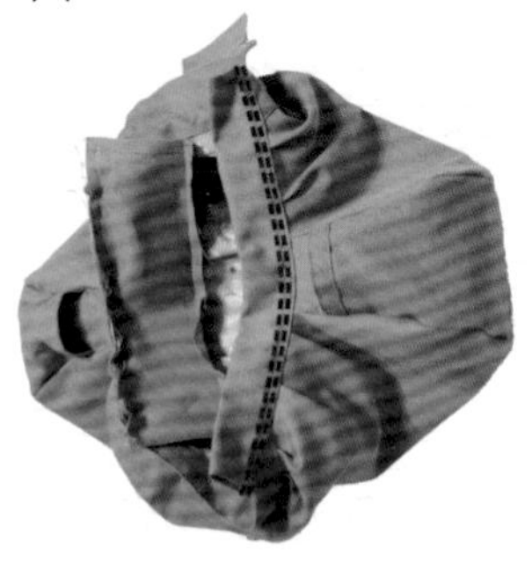

35 通布翻至袋口表側並往下對折，壓車二道臨邊線，如圖。

36 同法，另一片通布翻折並壓車。

37 裁剪提把飾布寬3cm長約110cm一條。於反面畫一道中線，將兩長邊往中線折入。

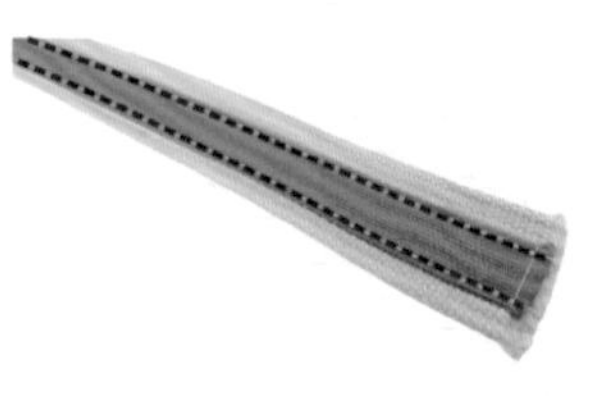

38 裁剪寬3cm織帶長約110cm一條。將飾布置於織帶中央，壓車臨邊線固定。

39 以穿帶器夾住提把一端，將提把穿入通布內。

40 接縫提把兩端。

41 縫份攤開並壓車。

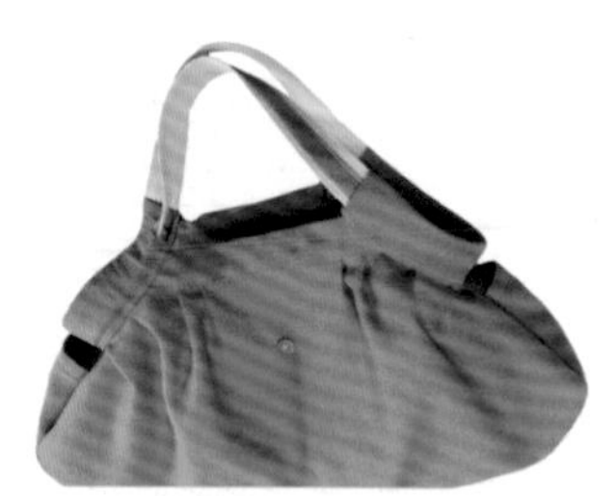

42 完成如圖。

## ⑪ 處理釦環布

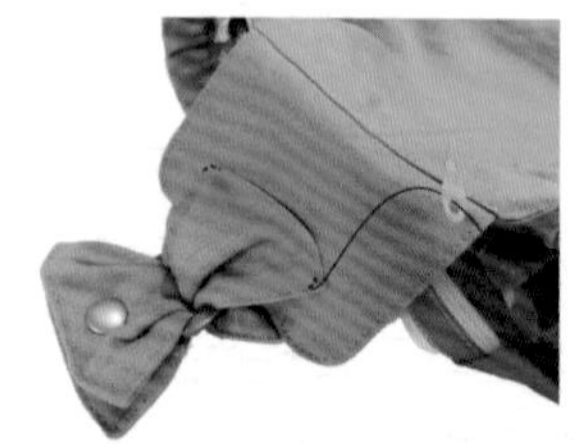

43 將釦環布A1穿入釦環布A2的圓環內。釦環布A1往上折，手縫幾針固定。

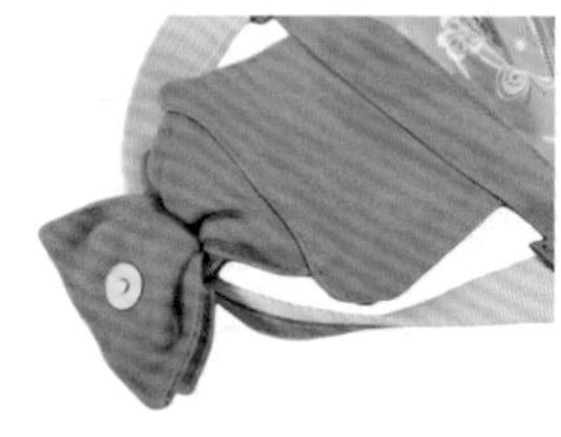

44 由裡側看如圖

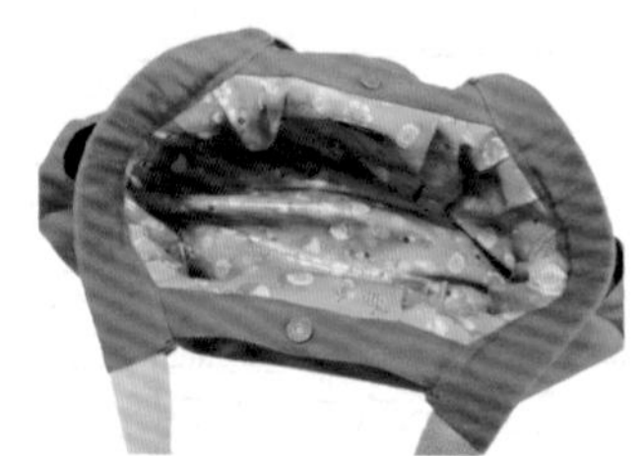

45 最後，在前／後口布中央位置釘上一組撞釘磁釦。完成！

A right bag can make you look complete. How do you know what your handbag horoscope is? Check this out!

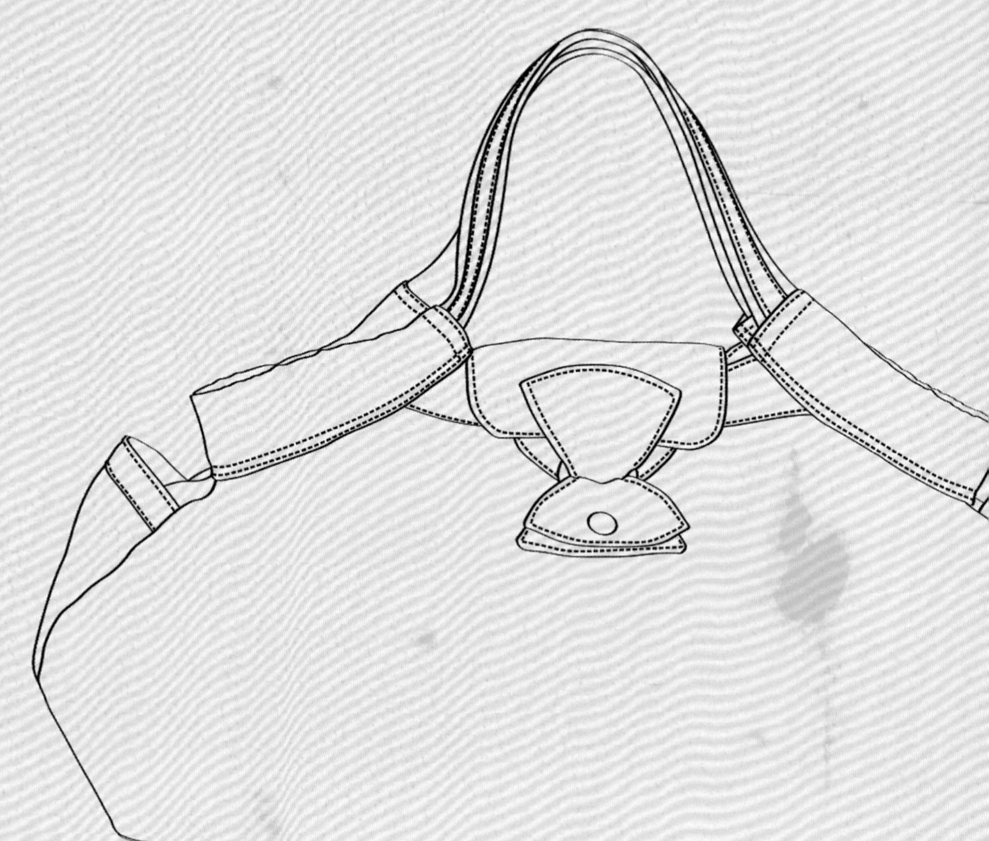

## Chrome orange 鉻橙色 for Leo 獅子座

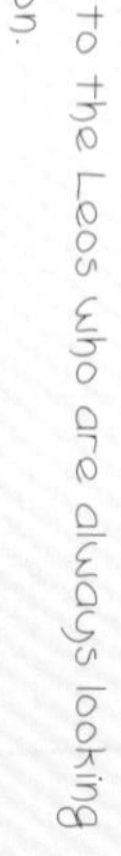

Chrome orange is suited to the Leos who are always looking out to attract attention.

## Tiffany blue 蒂芬妮藍 for Libra 天秤座

Tiffany blue, apparently, makes the Librans look more charming and easy.

## Carmine 胭脂深紅 for Aries 牡羊座

Wearing carmine enhances the personality and characteristics of an Aries.

## Gray blue 灰藍 for Aquarius 水瓶座

Gray blue is used to bring an Aquarius peace, tranquility, and calmness.

# 收放自如束繩包

運用打褶及束繩的設計，升級袋身立體度及變化性，重點裝飾及功能的部分改採用皮革配件，質感加分挺出率性的態度。

紙型 A面

HANDBAG WITH SIDE DRAWSTRINGS

難易度：⏰⏰⏰
完成尺寸：W32×H26×D13cm

## MATERIALS 材 料 以下裁布示意圖，均以幅寬110cm布料作示範排列

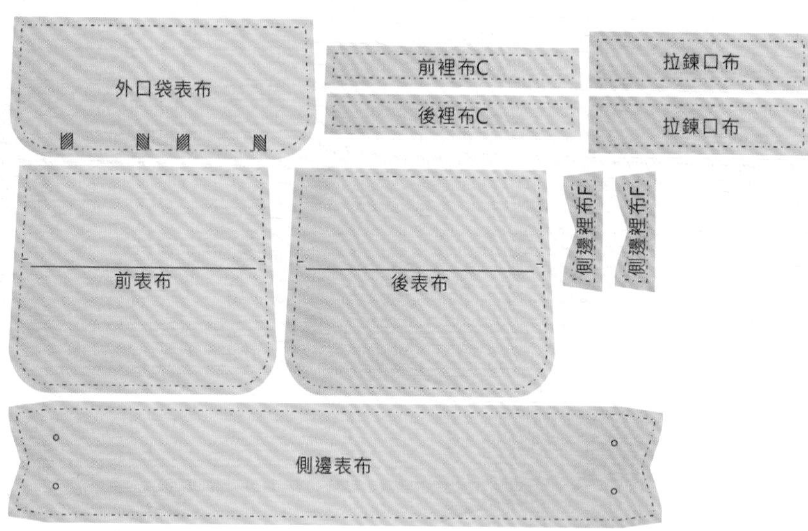


**單色布**

| | | |
|---|---|---|
| 外口袋表布 | 依紙型裁剪 | 一片 |
| 前表布 | 依紙型裁剪 | 一片 |
| 後表布 | 依紙型裁剪 | 一片 |
| 側邊表布 | 依紙型裁剪 | 一片 |
| 拉鍊口布 | 裁28×7cm（含縫份） | 共二片 |
| 側邊裡布F | 依紙型裁剪 | 共二片 |
| 前裡布C | 依紙型裁剪 | 一片 |
| 後裡布C | 依紙型裁剪 | 一片 |

**圖案布**

| | | |
|---|---|---|
| 外口袋裡布 | 依紙型裁剪 | 一片 |
| 側邊裡布E | 依紙型裁剪 | 一片 |
| 前裡布B | 依紙型裁剪 | 一片 |
| 後裡布B | 依紙型裁剪 | 一片 |

**其它副料**

| | | |
|---|---|---|
| 拉鍊長35cm | | 一條 |
| 底板 | 裁26×12.5cm | 一片 |
| 腳釘 | | 四組 |
| 外徑17m/m雞眼釦 | | 四組 |
| 皮蓋 | | 二組 |
| 側束繩和調節皮片 | | 二組 |
| 肩背提把 | | 一組（二條） |

# INSTRUCTIONS 作 法 除特別指定外，縫份均為1cm

## ❶ 外口袋的製作

1 外口袋表裡布正面相對，上邊縫合。

2 裡布翻至表布背面，上邊壓車一道直線；並依紙型指定位置標記皮蓋釦（撞釘磁釦的母釦）位置。

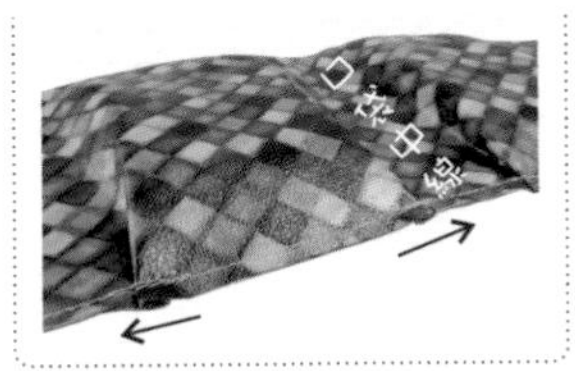


3 U形邊先粗縫固定，再依紙型標示粗縫活褶。務必留意褶子的倒向。

## ❷ 前表布的製作

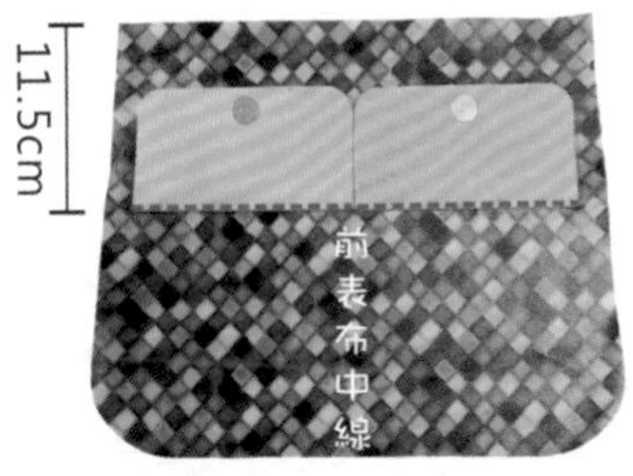

4 皮蓋正面朝下，車縫或手縫回針縫固定於前表布適當位置。注意，兩片皮蓋往前表布中線靠攏。

5 外口袋和前表布U形邊粗縫固定；接下來於口袋中央車縫一道直線使口袋分隔成兩格。

6 口袋中線車縫至距口袋上緣2cm處停止，再以鉚釘補強固定。

7 於外口袋已標記的位置處釘上撞釘磁釦的母釦。至此，完成前表布。

## ❸ 表袋身的製作

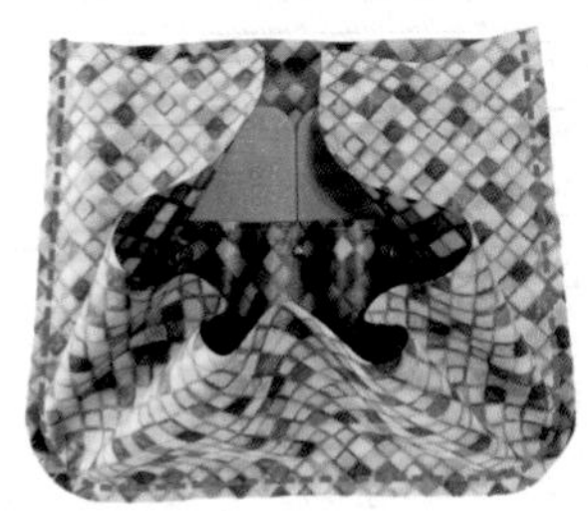

8 前表布U形邊和側邊表布縫合。

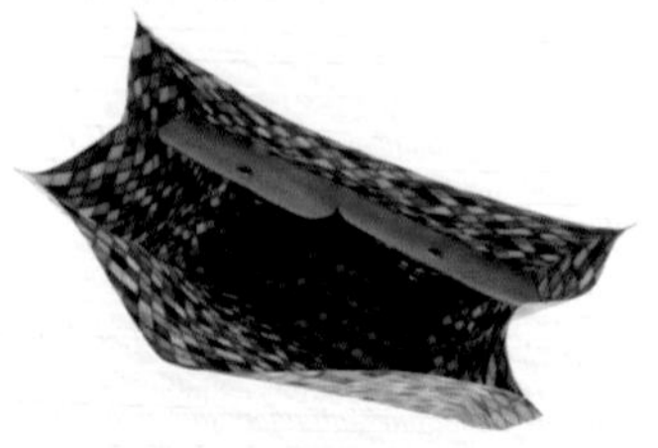

9 後表布U形邊和側邊表布另一側縫合。

10 翻回正面，如圖，完成表袋身。

## ❹ 拉鍊口布的製作

11 取一片拉鍊口布，對折，車縫兩側。

12 翻回正面，共需完成二片拉鍊口布。

13 拉鍊置於口布後方，拉鍊頭端和口布一端齊，如圖，車縫一道直線固定。

14 同法，車縫固定拉鍊的另一邊與另一片口布。

## ❺ 裡袋身的製作

15 側邊裡布E兩端接縫側邊裡布F。

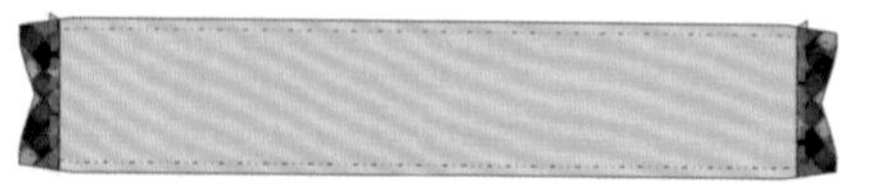

16 縫份倒向F並壓車，成為側邊裡布一整片。

17 前／後裡布B可依喜好縫製內裡口袋。
前裡布B上邊和前裡布C夾車拉鍊口布，拉鍊口布狀態為正面朝上，注意置中。

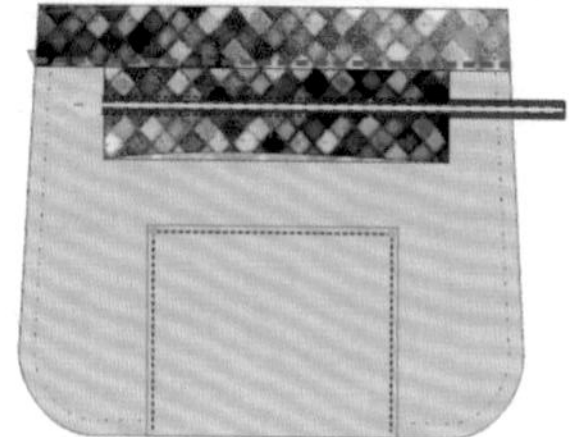

18 C往上翻，縫份倒向上並壓車。

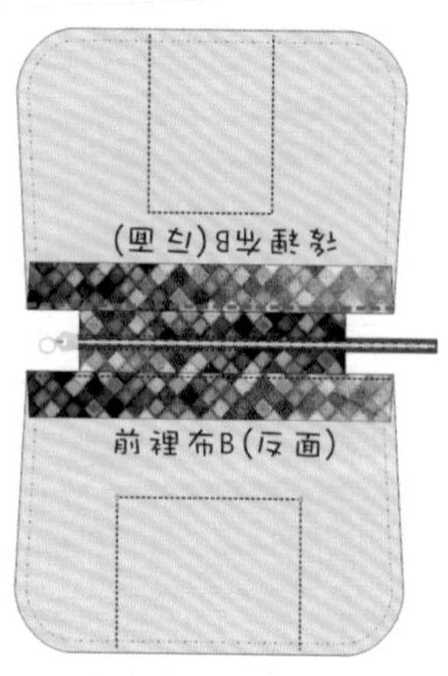


19 同法，後裡布B上邊和後裡布C夾車另一片拉鍊口布並壓車，完成如圖。

20 前裡布U形邊和側邊裡布縫合。

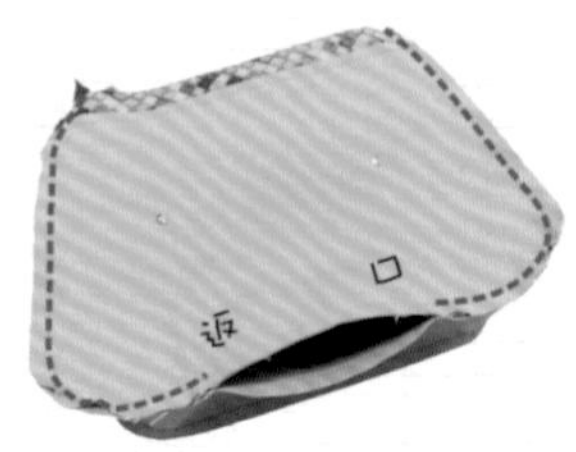


21 後裡布U形邊和側邊裡布另一側縫合，預留一返口不縫。至此，完成裡袋身。

## ❻ 全體的組合

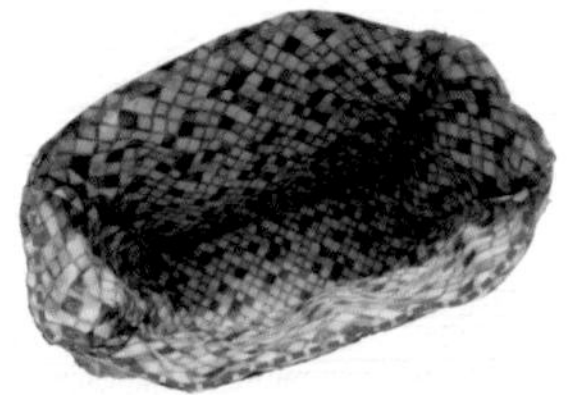

22 表袋套入裡袋，正面相對，上邊縫合。

23 由裡布返口翻回正面，沿袋口壓車臨邊線一整圈。

24 裡布返口藏針縫。
在縫合裡布返口前，可先由返口置入底板，再以腳釘將底板固定於底部中央位置，除了防髒污，也作為補強此包款底部的厚度以及增強包身的挺度。

25 依紙型標示位置於側邊裝置雞眼釦。

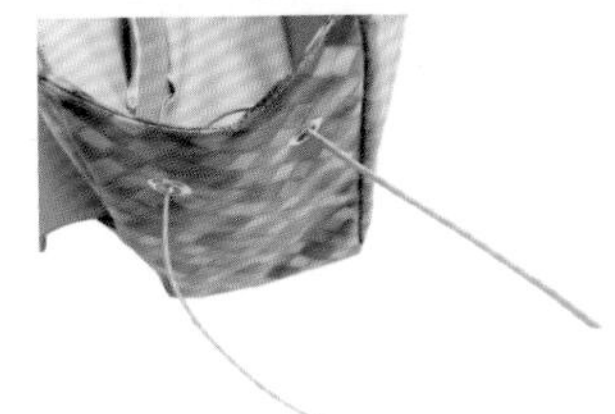

26 穿入束繩皮條。

27 皮條兩端再穿入調節皮片內。

28 在兩端入約1.5cm範圍，以刀片刮粗皮條肉面層。

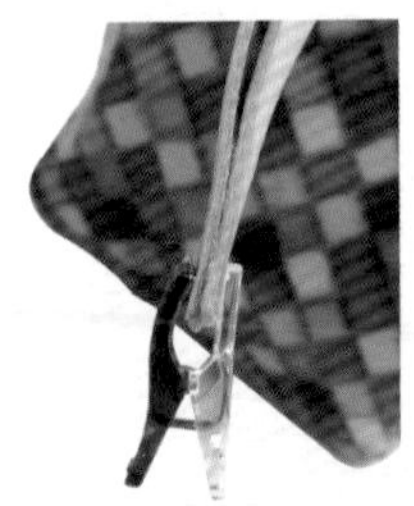

29 接下來，薄塗強力膠使黏合。（可以用夾子輔助固定）

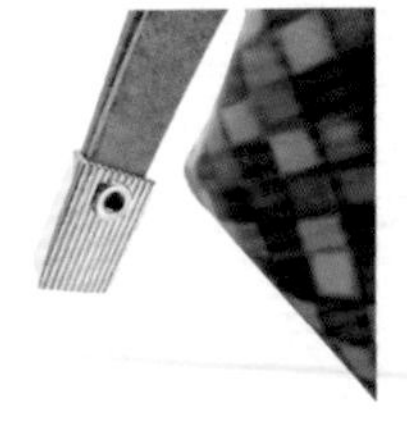

30 然後套入五金內並鎖緊。

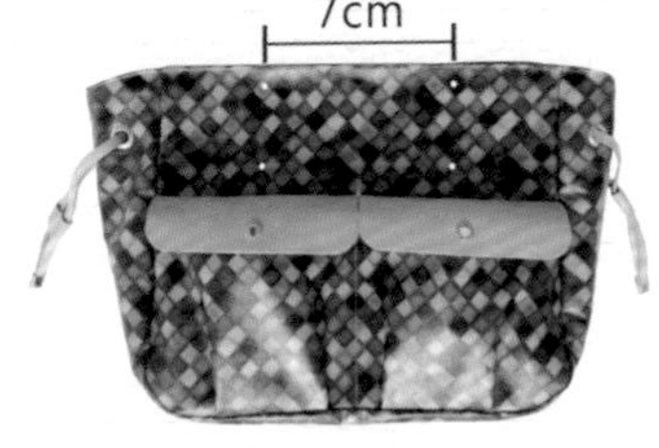


31 依提把的鉚釘固定位置，於袋身上打洞。
注意左右對稱，提把間距約為7cm，如圖。

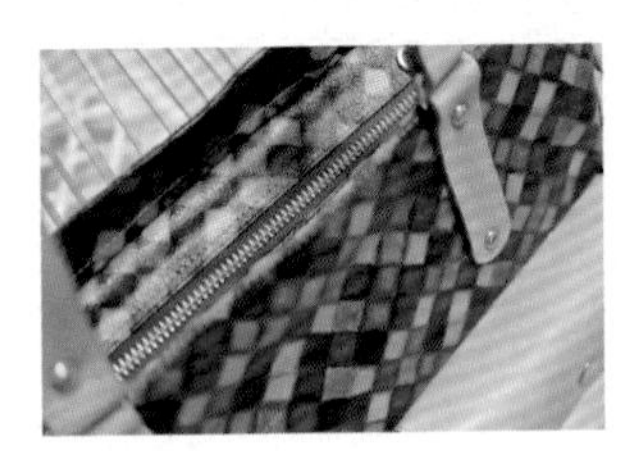

32 最後，釘上提把。完成！

Column

***LuLu's* 星座配色提案**

## Bright yellow 亮黃色 for Gemini 雙子座

Geminians are the light, bright, social butterflies
when they wear yellow. No one wears a character like them.

## Coral pastel 珊瑚粉 for Taurus 金牛座

Taureans prefer comfort and elegance.
The best colors for them are: nature like sandy earth tones,
green, blues and pastels.

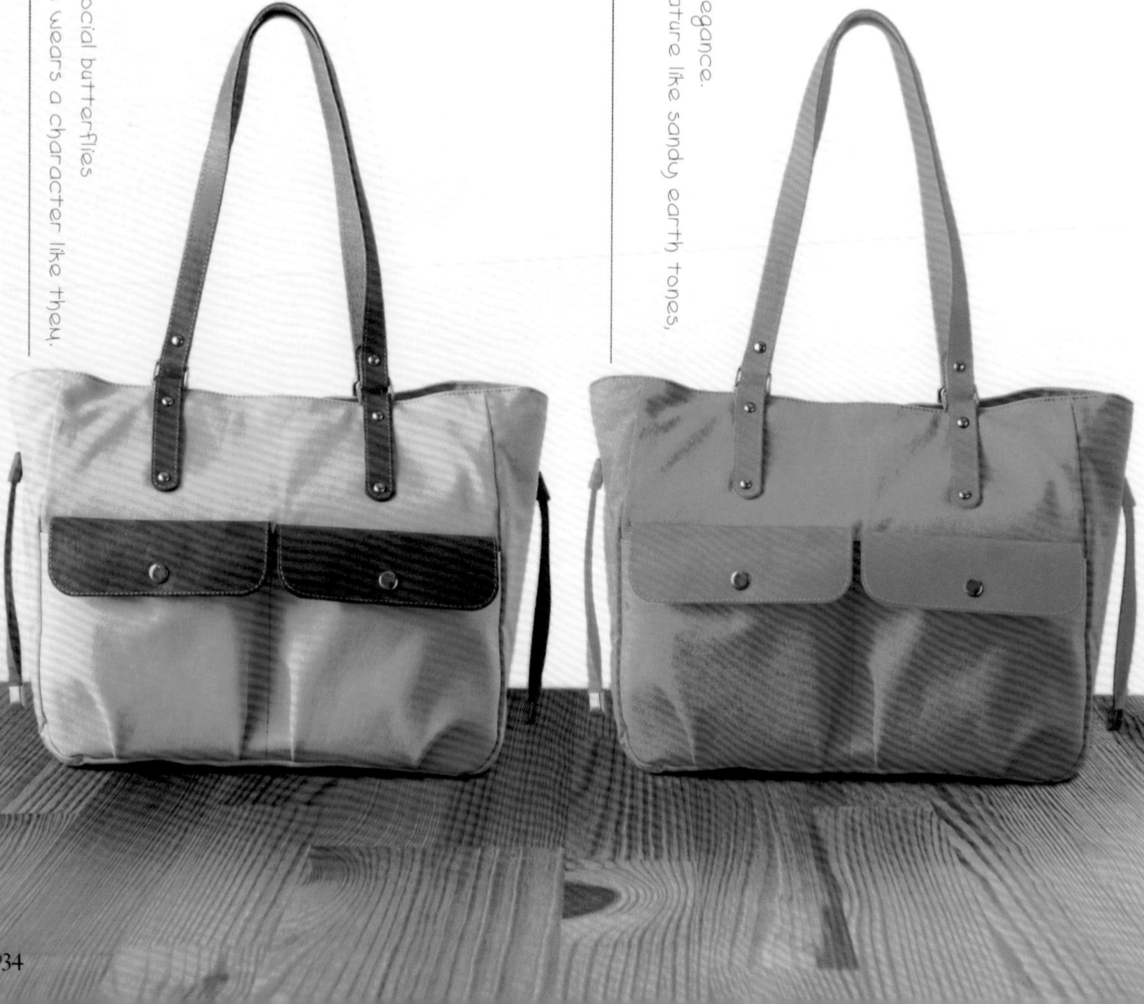

## Black黑色for Cancer巨蟹座

Most Cancers love wearing all shades of green, khaki, brown and black. Match metallic and pink colors for added energy and style.

## Mango orange芒果橙色for Virgo處女座

Virgos should get a handbag in the color mango orange. This color helps them make decisions and achieves their goals faster.

# 抓縐袋中袋

巧妙使用提把固定處製造對稱抓褶的立體效果，
顯得獨特性十足。內裝一分而二的驚喜設計，
可隨心所欲依容量變更用途，雙重的製作及使用享受。

紙型B面

GATHERED BAG IN BAG

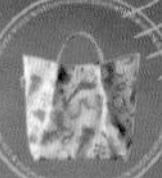

難易度：⏰⏰⏰⏰

完成尺寸：W32×H30×D18cm

## MATERIALS 材料 以下裁布示意圖，均以幅寬110cm布料作示範排列

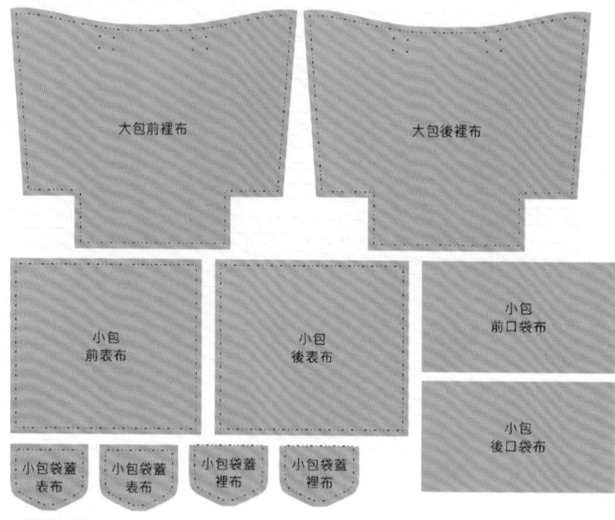


**單色布1**

| | | |
|---|---|---|
| 小包前口袋布 | 裁34×19cm（含縫份） | 一片 |
| 小包後口袋布 | 裁34×19cm（含縫份） | 一片 |
| 小包袋蓋表布 | 依紙型裁剪 | 共二片 |
| 小包袋蓋裡布 | 依紙型裁剪（上邊不留縫份） | 共二片 |
| 小包前表布 | 裁34×30cm（含縫份） | 一片 |
| 小包後表布 | 裁34×30cm（含縫份） | 一片 |
| 大包前裡布 | 依紙型裁剪 | 一片 |
| 大包後裡布 | 依紙型裁剪 | 一片 |

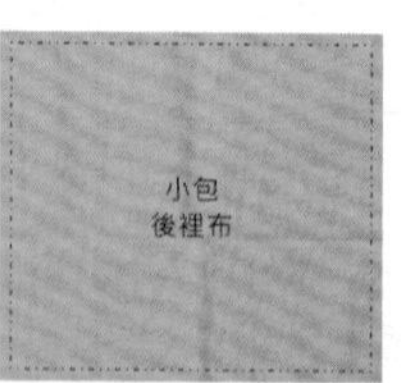


**單色布2**

| | | |
|---|---|---|
| 小包前裡布 | 裁34×30cm（含縫份） | 一片 |
| 小包後裡布 | 裁34×30cm（含縫份） | 一片 |

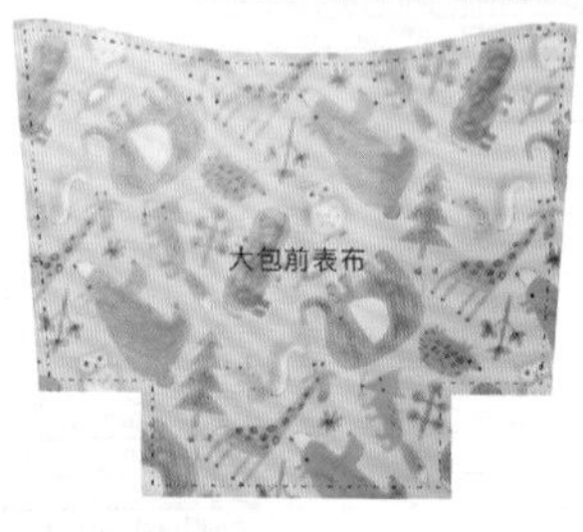


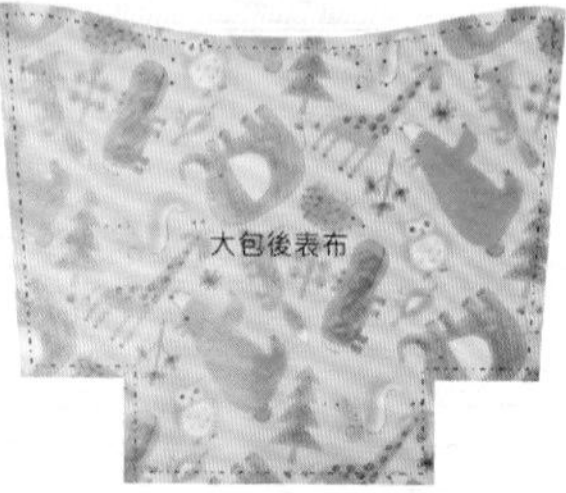


**圖案布**

| | | |
|---|---|---|
| 大包前表布 | 依紙型裁剪 | 一片 |
| 大包後表布 | 依紙型裁剪 | 一片 |

**其它副料**

| | | | |
|---|---|---|---|
| 大包底部加厚用布 | 裁23.5×15.5cm二～三片 | 拉鍊長25cm | 一條 |
| 大包用固定皮片 | 二組 | 小包用固定皮片 | 二組 |
| 布標 | 二枚 | 大包提把 | 一組（二條） |
| 磁釦 | 二組 | | |

## INSTRUCTIONS 作 法 除特別指定外，縫份均為1cm

小包

### ❶ 前口袋的製作

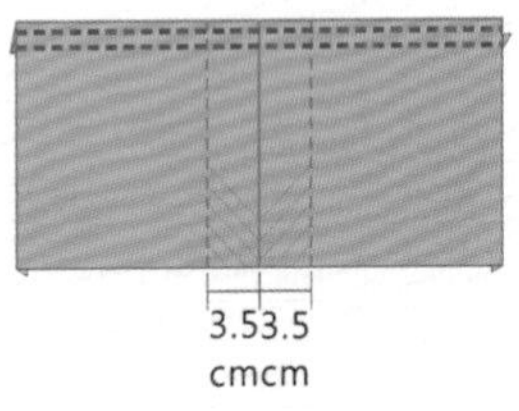


1 兩側折入0.7cm，以骨筆壓折或以槌子輕敲使折痕成形。

2 上邊折入1cm再往下折2cm。

3 上邊壓車二道直線。於中央位置取一道中線，依圖解所示標記箱形褶折線。

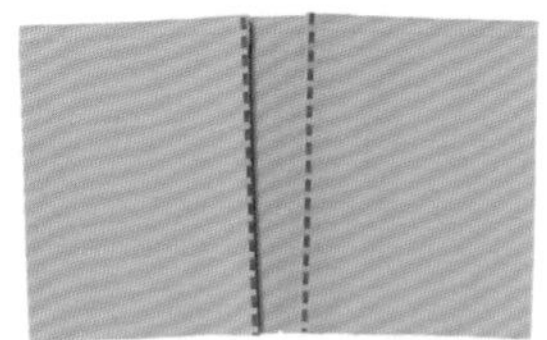

4 折好箱形褶並於折痕上壓車臨邊線。

5 於適當位置車縫一枚布標。

### ❷ 袋蓋的製作

6 袋蓋表裡布正面相對，U形邊縫合。

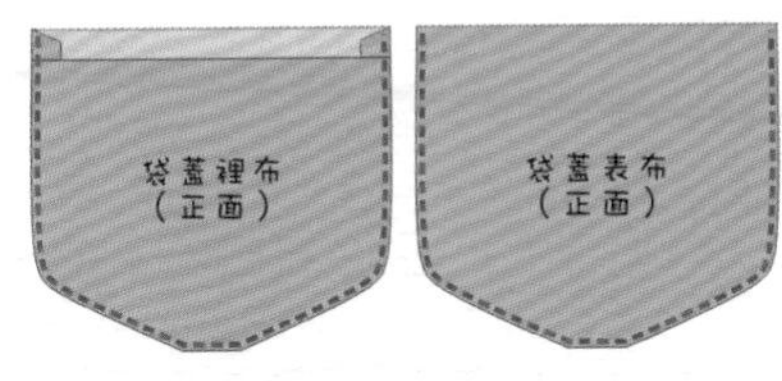


7 由上邊開口翻回正面，U形邊壓車臨邊線。共需完成二組袋蓋。

### ❸ 前表布的製作

8 前口袋正面朝下，車縫於前表布中央適當位置（車縫縫份約0.5cm）。

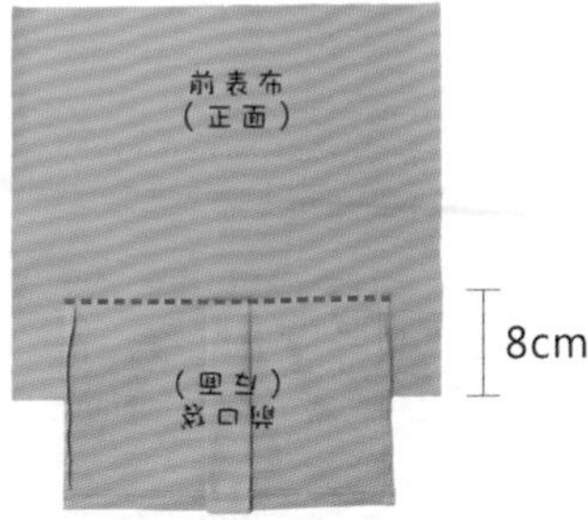


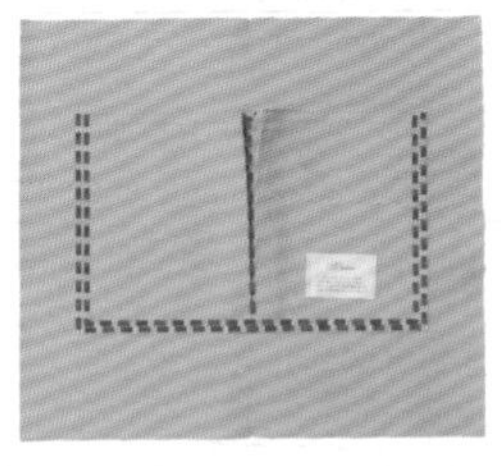

9 口袋布往上翻，先車縫口袋中央分隔線，再壓車口袋⊔形邊。口袋⊔形邊需壓車二道線以便將縫份藏入。

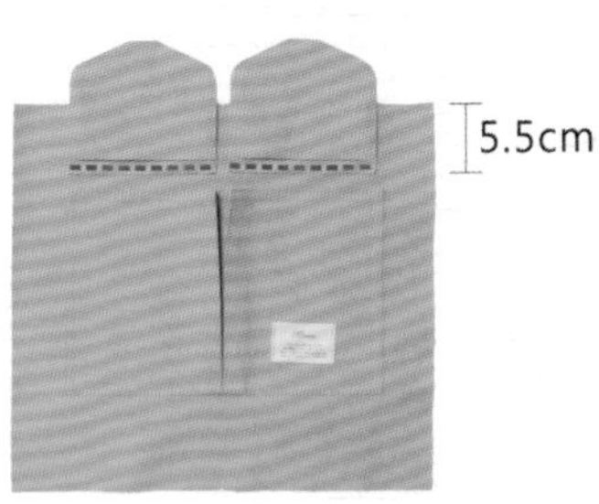


10 袋蓋正面朝下，車縫固定於前表布適當位置（車縫縫份約0.5cm）。注意，二片袋蓋需分別和兩格口袋置中對齊。

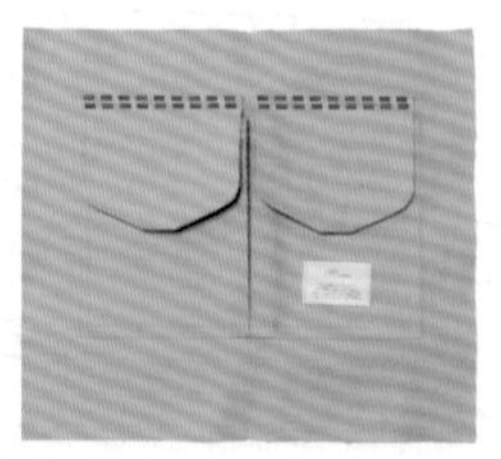

11 袋蓋往下翻，壓車二道直線。

12 於袋蓋和袋口對應位置裝置磁釦公／母釦。

## ❹ 後口袋和後表布的製作

13 後口袋布上邊折入1cm再往下折2cm，壓車二道直線。

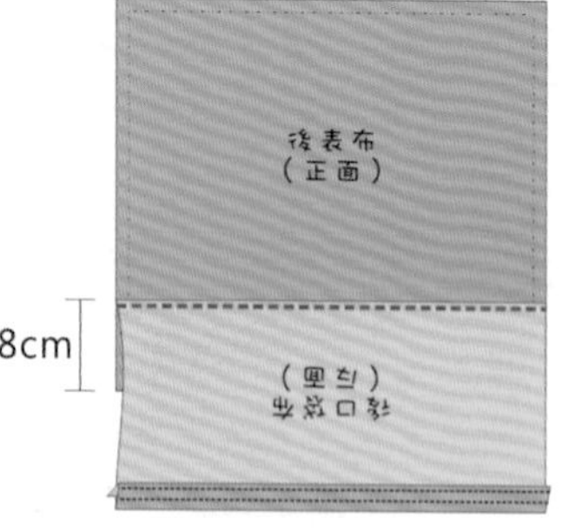


14 後口袋布正面朝下，車縫固定於後表布適當位置（車縫縫份約0.5cm）。

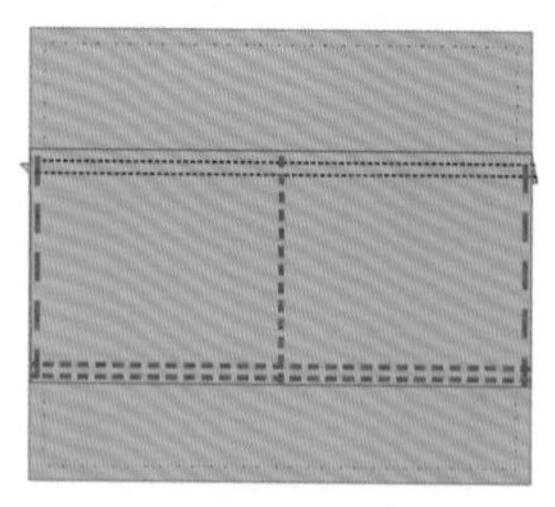

15 口袋布往上翻，下邊壓車二道直線，並車縫口袋中央分隔線，然後粗縫兩側固定於後表布。

## ❺ 前／後裡布的製作

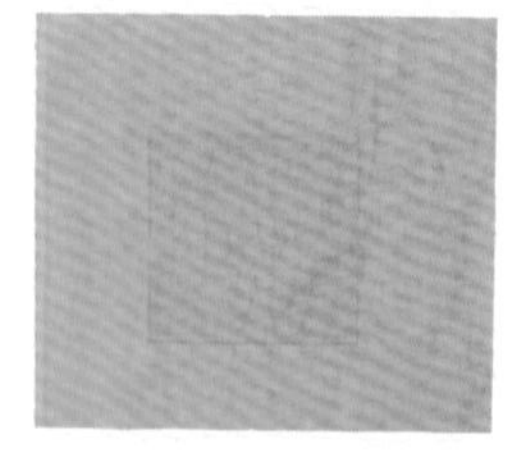

16 前裡布依喜好縫製內裡口袋。

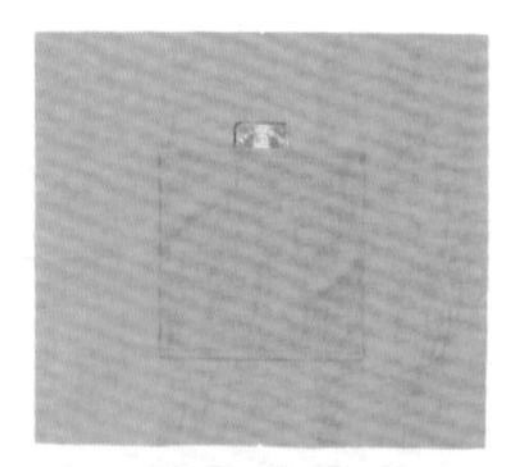

17 後裡布依喜好縫製內裡口袋。

## ❻ 全體的組合

18 準備長25cm拉鍊一條，拉鍊頭尾布先折好或修剪與拉鍊上下止齊。前表布和前裡布正面相對，上邊夾車拉鍊（拉鍊和表布正面相對），注意置中。

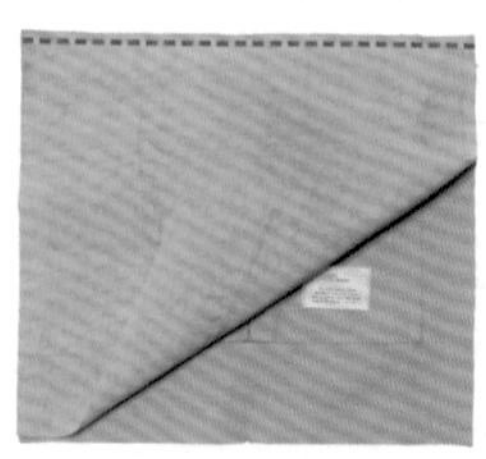

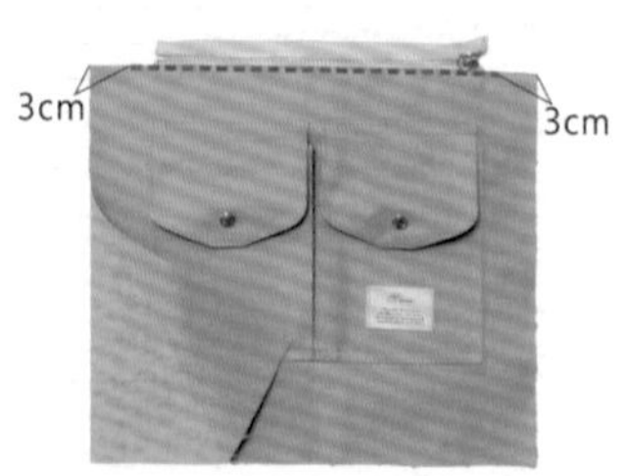


19 裡布翻至表布後面，沿拉鍊旁壓車臨邊線。注意壓車線段，距左右兩側約3cm不壓車。

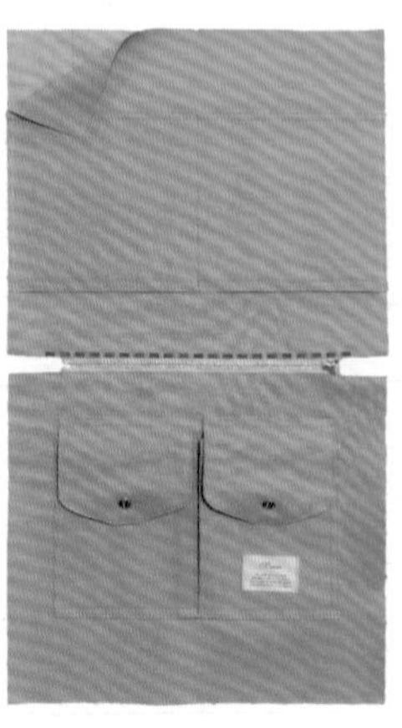

20 同法，後表布和後裡布夾車拉鍊的另一邊並壓車。

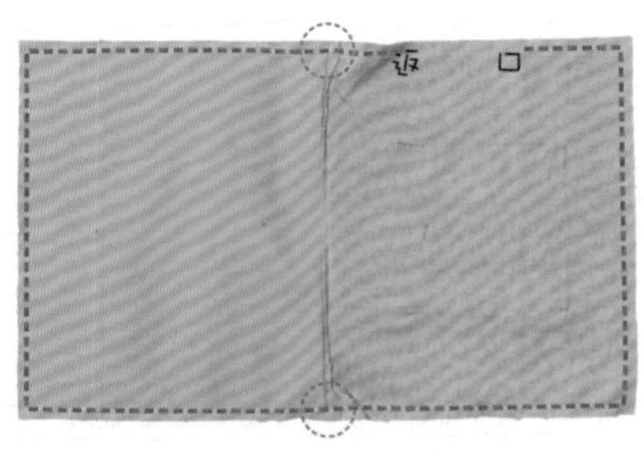


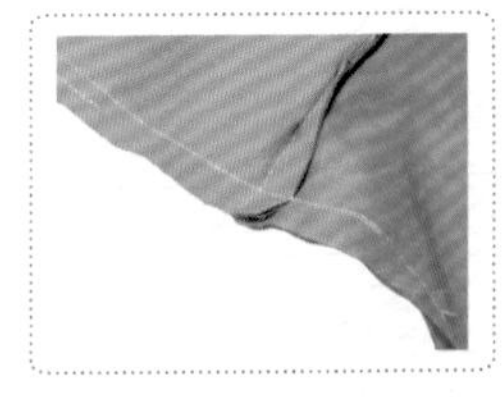

21 前／後表布正面相對，前／後裡布正面相對，縫合。需於裡布預留一返口不縫。圖示圈選位置即為表裡布交接處的縫份，倒向裡布。

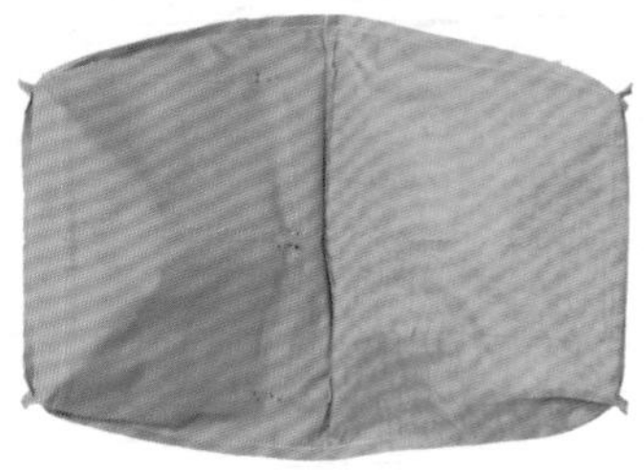

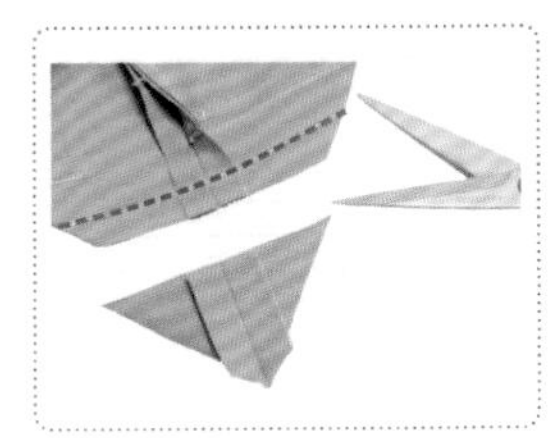

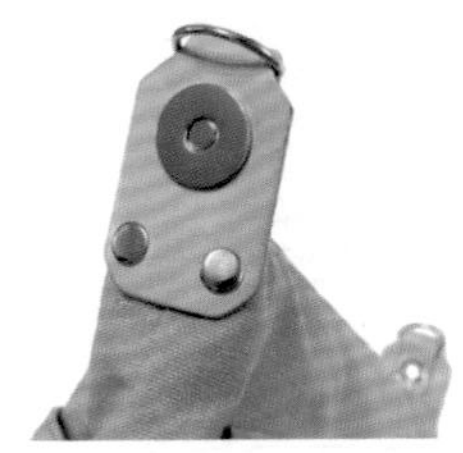

22 表／裡底部車縫打角10cm，並剪去餘角。

23 由裡布返口翻回正面。裡布返口藏針縫。袋口兩側如上圖裝置固定皮片。以上，完成小包。

大包

## ❶ 裡袋身的製作

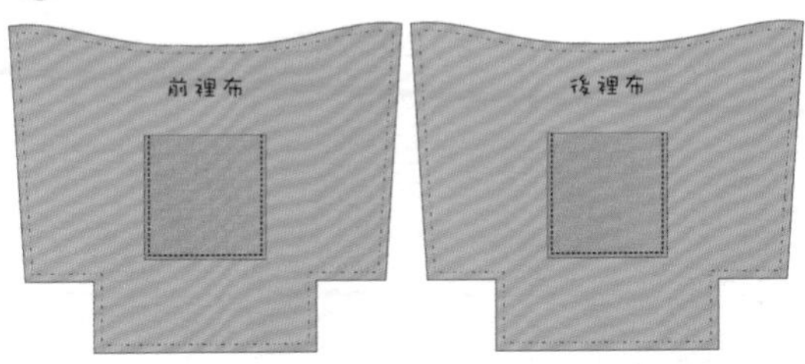


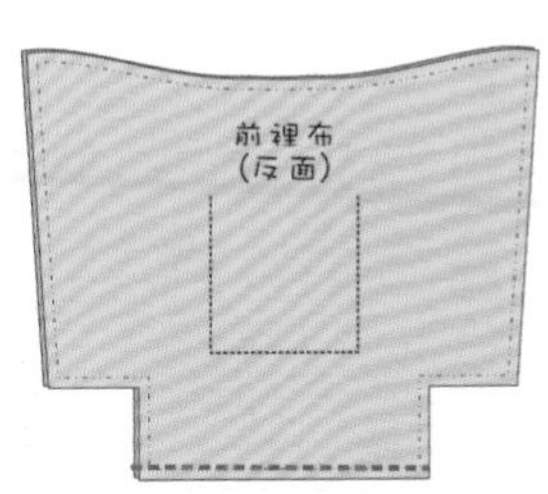


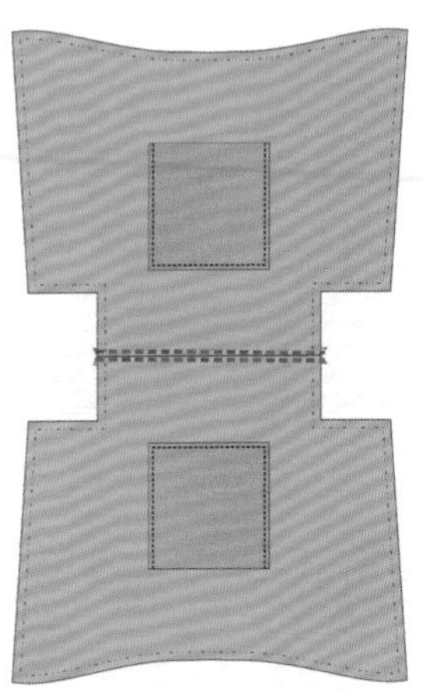

24 前／後裡布依喜好縫製內裡口袋。

25 前後裡布正面相對，下邊縫合。

26 縫份攤開並壓車。

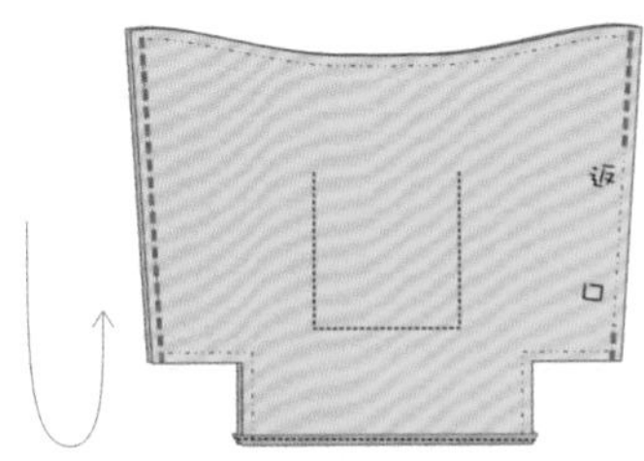

27 再往上對折，預留一返口，車縫兩側。

28 底部兩側車縫底角。

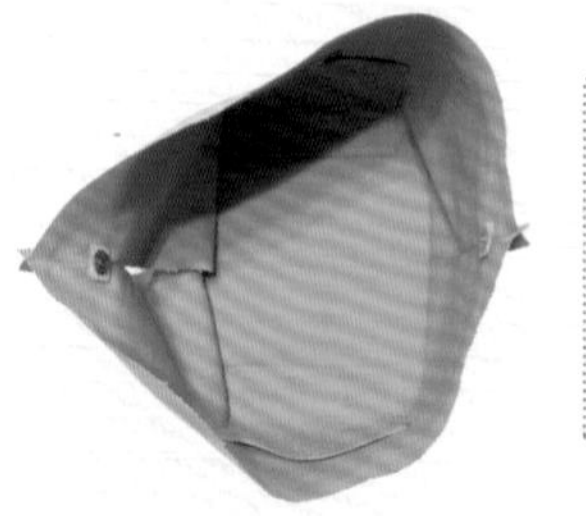

29 兩側距上緣6.5cm處縫上固定皮片。如圖，完成裡袋身。

## ❷表袋身的製作

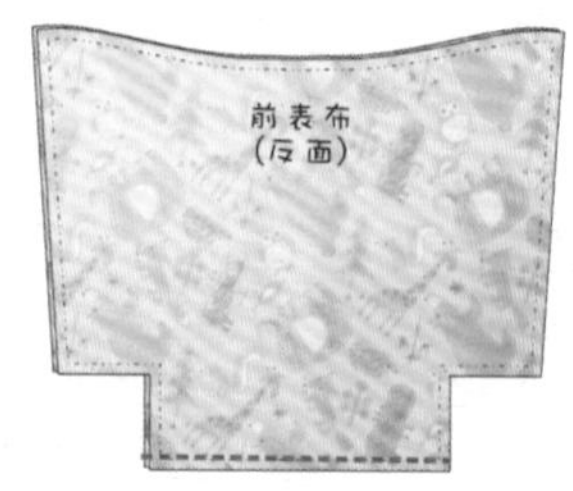


30 前後表布正面相對，下邊縫合。

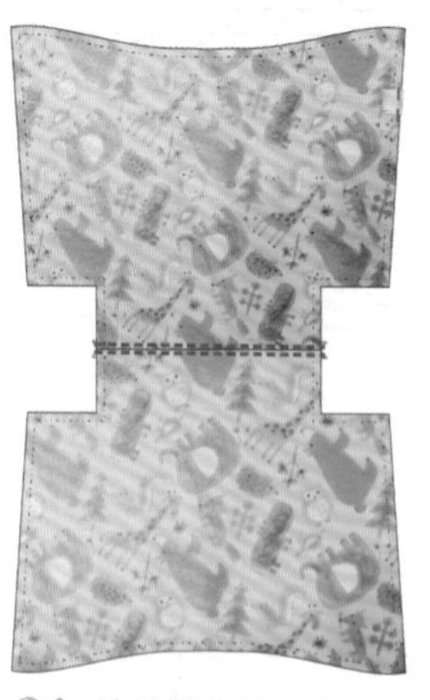

31 縫份攤開並壓車，成為表布一整片。→於前表布右側距上緣7.5cm處粗縫一枚對折的布標。

32 底部加厚用布共二至三片，重疊對齊，周圍粗縫固定。

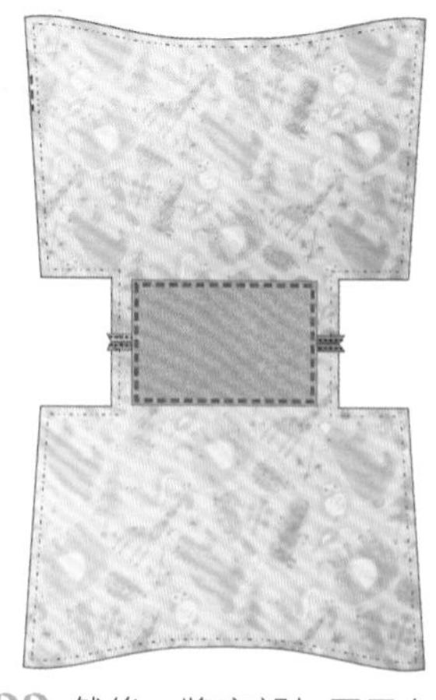

33 然後，將底部加厚用布置於表布反面中心位置，壓車臨邊線固定。

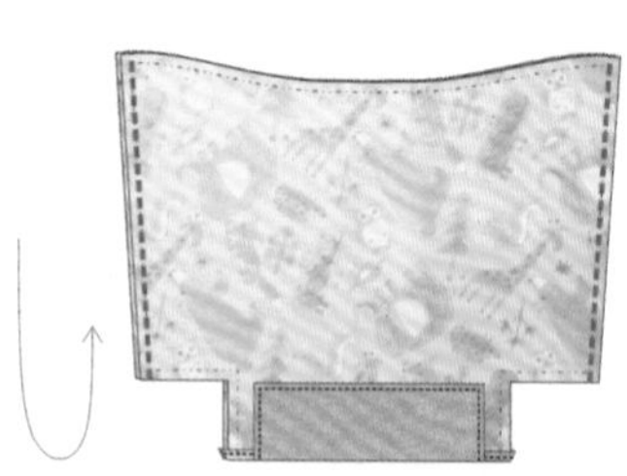

34 表布往上對折，車縫兩側。

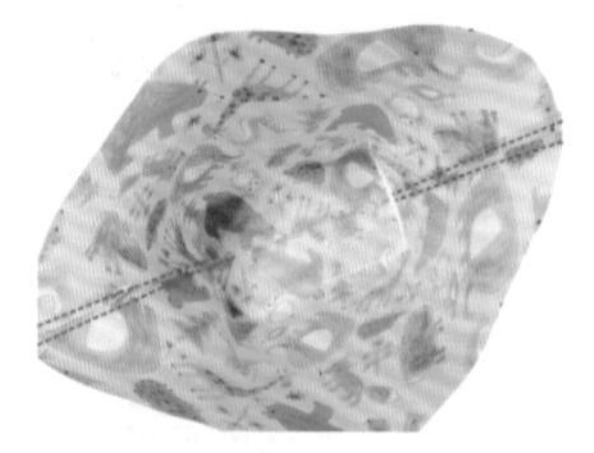

35 縫份攤開並壓車。

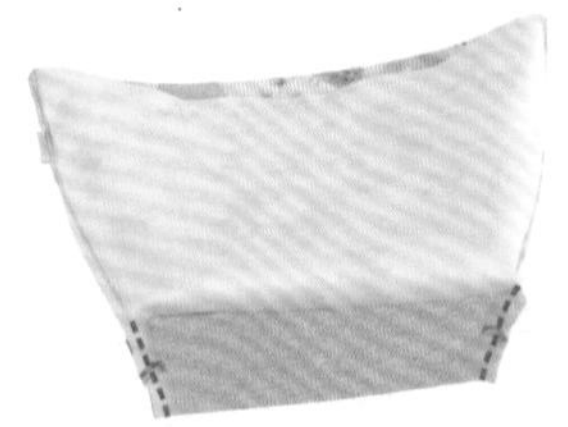

36 底部兩側車縫底角。至此，完成表袋身。

## ❸全體的組合

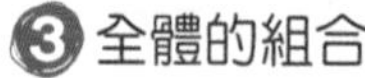

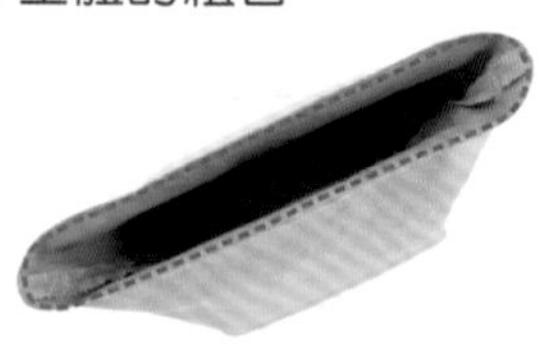

37 表袋套入裡袋，正面相對，上邊縫合。

38 由裡布返口翻回正面，袋口壓車臨邊線一整圈。

39 前／後袋口抓褶（以紙型標示鉚釘固定位置兩兩對齊為準）並釘上提把，如圖。完成！

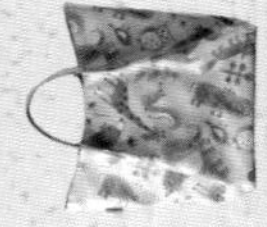

A right bag can make you look complete. How do you know what your handbag horoscope is? Check this out!

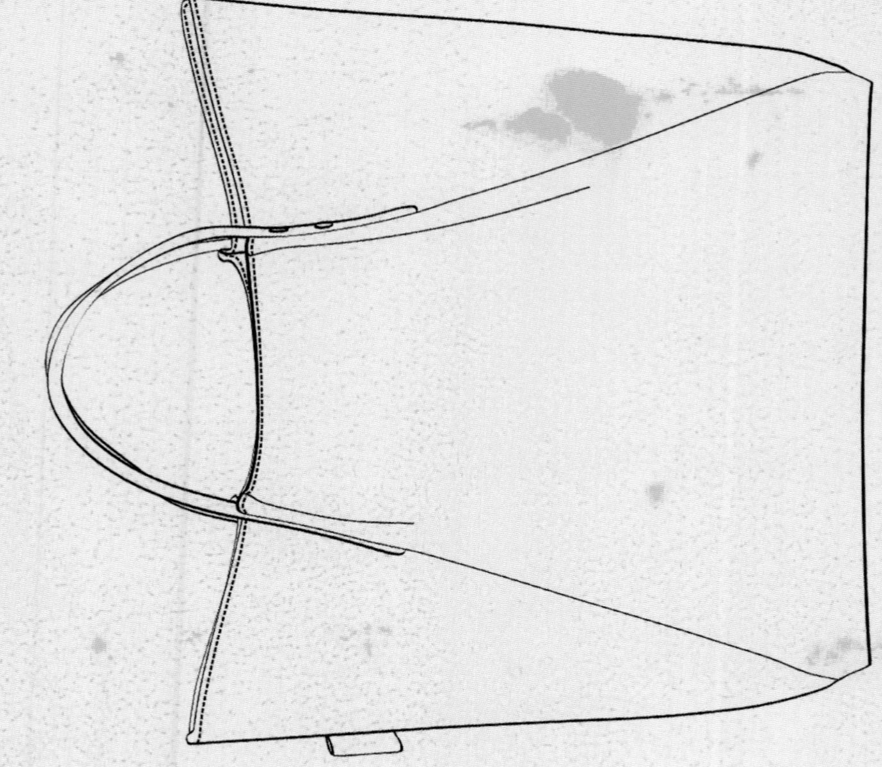

## Yellow 黄色 for Gemini 雙子座

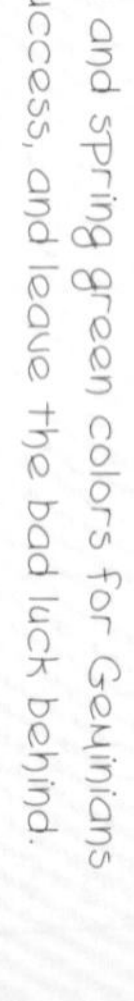


## Pink粉紅for Cancer 巨蟹座

Pink is helpful for mental and emotional problems.
It opens Cancer's eyes to unimagined possibilities.

## White 白色 for Pisces 雙魚座

Bright shades may come closest to Pisces through its symbolism. White is an all-time favorite.

## Yellow 黃 + black 黑 for Taurus 金牛座

Most Taureans will have a general affinity with yellow and green combinations and likewise, black is a color that harmonizes well with their temperament.

# 裙擺搖搖包

擷取裙襬打褶的元素，讓袋身呈現自然的開展線條，
整體設計像感受著風輕拂裙擺，
手持夏花漫步蔥鬱森林中般，令人心情歡快。

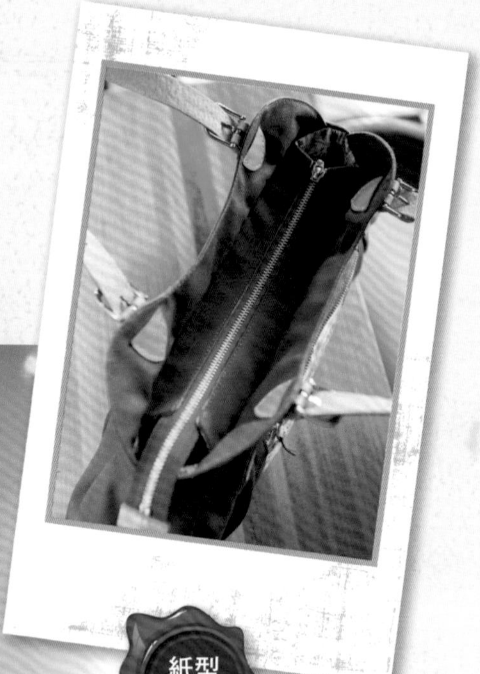

紙型 B面

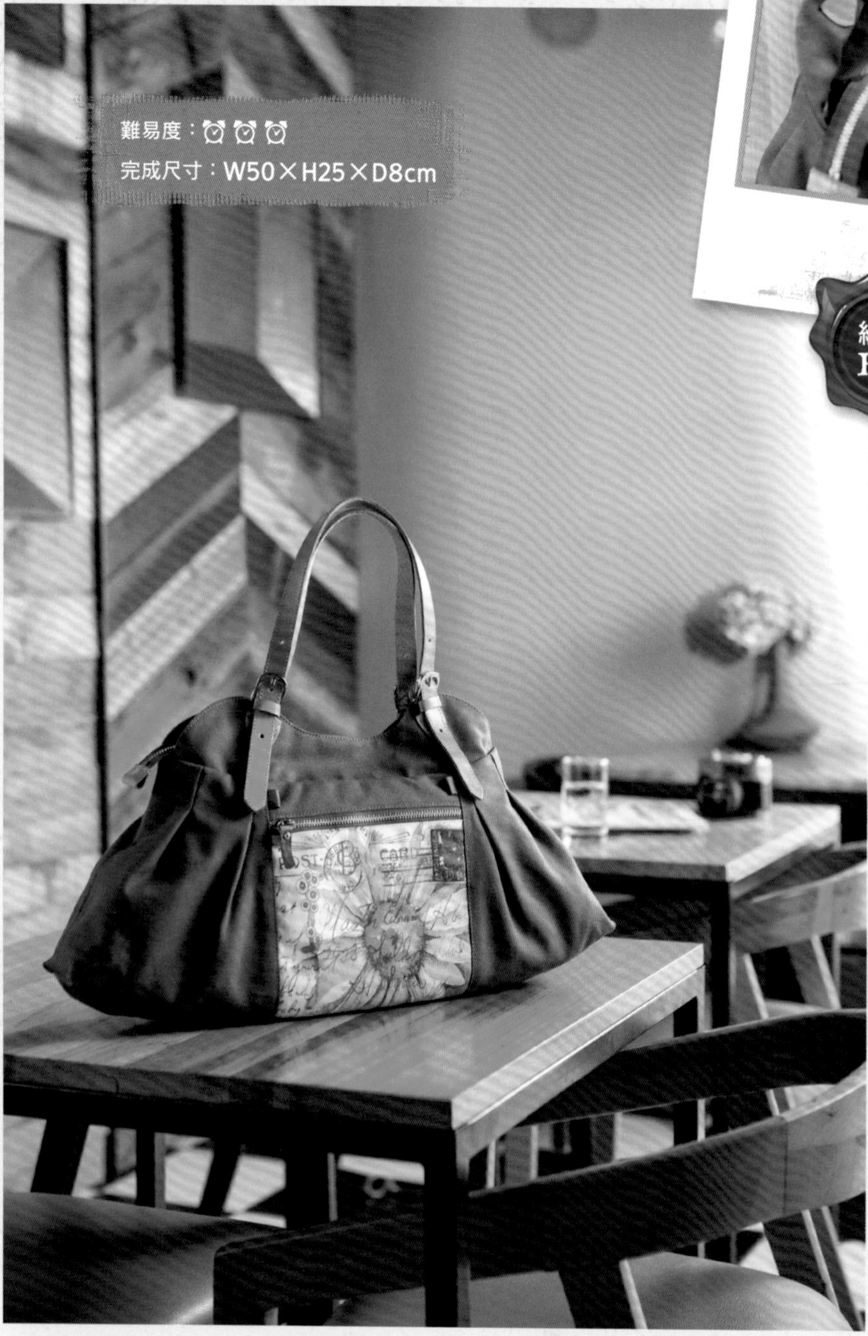

難易度：⏰⏰⏰
完成尺寸：W50×H25×D8cm

SKIRT BAG

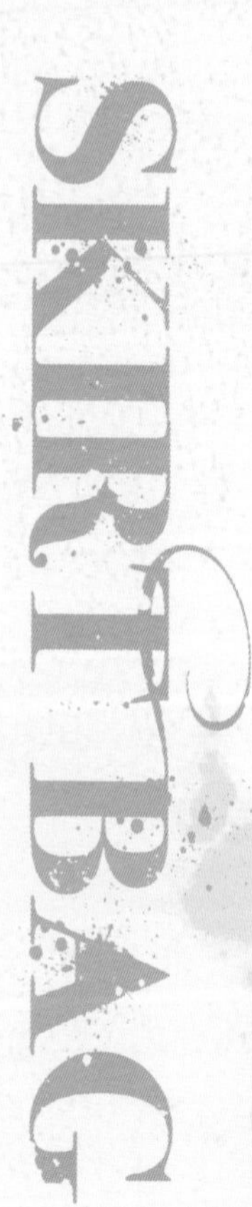

## MATERIALS 材 料 以下裁布示意圖，均以幅寬110cm布料作示範排列

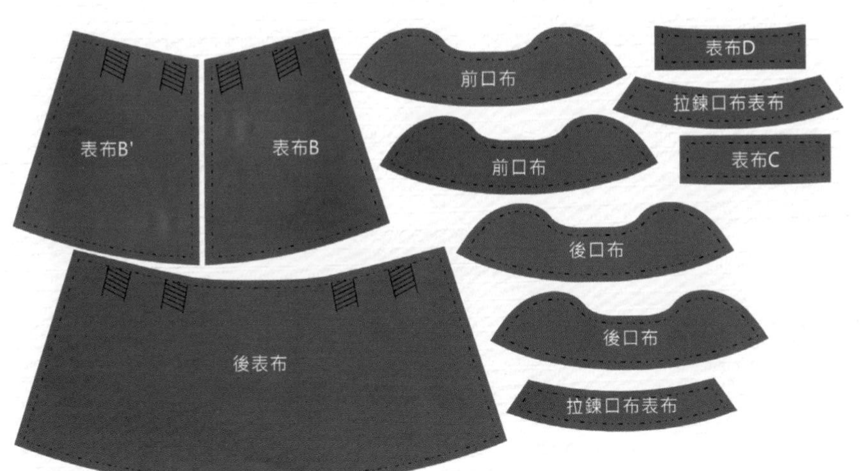


**單色布**

| | | |
|---|---|---|
| 表布B | 依紙型裁剪 | 一片 |
| 表布B' | 依紙型裁剪 | 一片 |
| 表布C | 依紙型裁剪 | 一片 |
| 表布D | 依紙型裁剪 | 一片 |
| 後表布 | 依紙型裁剪 | 一片 |
| 前口布 | 依紙型裁剪 | 共二片 |
| 後口布 | 依紙型裁剪 | 共二片 |
| 拉鍊口布表布 | 依紙型裁剪 | 共二片 |

**圖案布1**

| | | |
|---|---|---|
| 表布A | 取圖案布裁20×18cm（含縫份） | 一片 |

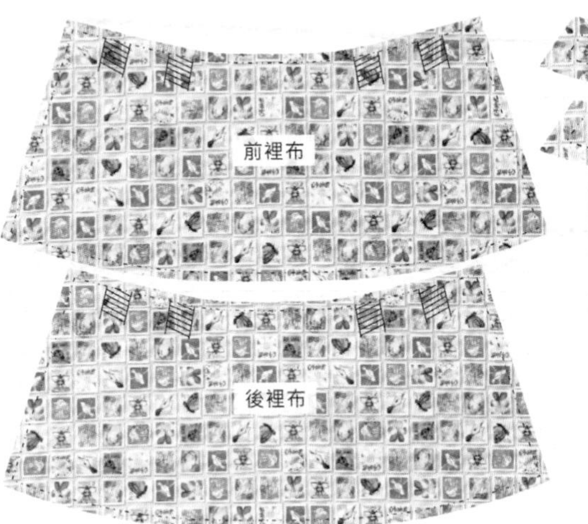


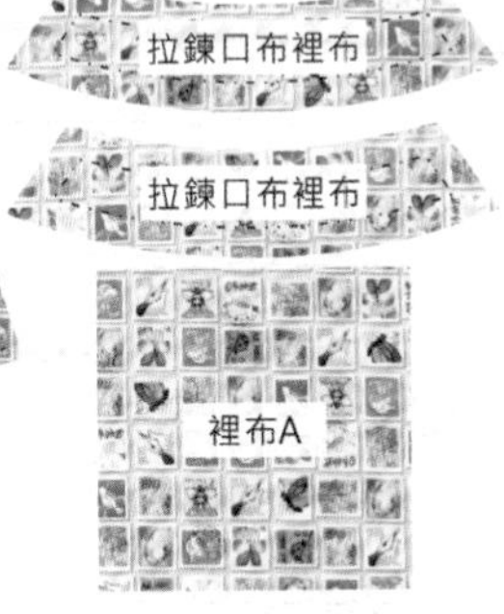


**圖案布2**

| | | |
|---|---|---|
| 裡布A | 粗裁21.5×21.5cm | 一片 |
| 前裡布 | 依紙型裁剪 | 一片 |
| 後裡布 | 依紙型裁剪 | 一片 |
| 拉鍊口布裡布 | 根據紙型粗裁 | 共二片 |

**其它副料**

| | |
|---|---|
| 緞帶約4cm | 二段 |
| 拉鍊長18cm | 一條 |
| 拉鍊長30cm | 一條 |
| 兩用調節提把 | 一組（二條） |
| 拉鍊頭飾片 | 一片 |
| 拉鍊尾皮片 | 一片 |
| 厚布襯 | 視實際搭配的布料選擇是否燙襯 |

## INSTRUCTIONS 作 法 除特別指定外，縫份均為1cm

### ❶ 前表布的製作

1 表布B上邊依紙型標示車縫單向褶。留意褶子倒向並粗縫固定。

2 同法，表布B'上邊依紙型標示車縫單向褶。留意褶子倒向並粗縫固定。

3 表布A上邊車縫長18cm拉鍊（拉鍊正面朝下）。

4 拉鍊往上翻，如圖，壓車臨邊線。

5 粗裁裡布A一片21.5×21.5cm，正面朝上，置於表布A後方，粗縫ㄩ形邊；拉鍊另一邊亦粗縫固定。

6 修剪多餘的裡布A。

7 下邊與表布C正面相對縫合。

8 表布C往下翻，縫份倒向下並壓車。

9 上邊接縫表布D，縫份倒向上並壓車。

10 於表布D兩側分別粗縫一段對折的緞帶。緞帶的作用是為方便口袋拉鍊的開合。

11 右邊和表布B正面相對縫合。

12 縫份倒向表布B並壓車。

13 同法，左邊接縫表布B'；縫份倒向表布B'並壓車。以上，完成前表布一整片。

## ❷ 後表布的製作

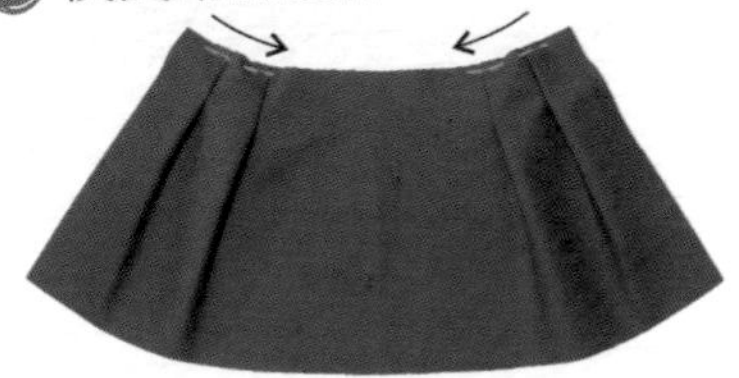

14 後表布上邊依紙型標示車縫單向褶。留意褶子倒向並粗縫固定。

## ❸ 表袋身的製作

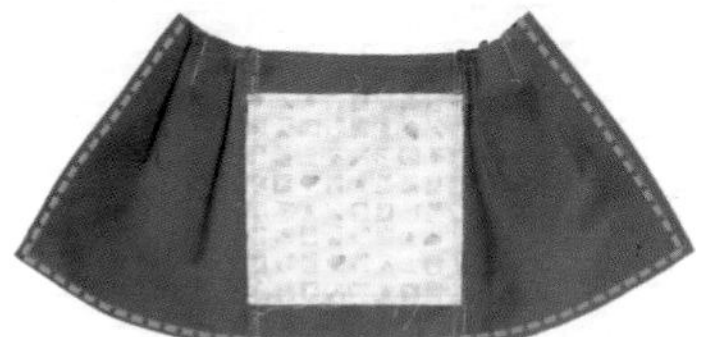

15 前後表布正面相對，ㄩ形邊對齊縫合。

16 下邊車縫打角8cm，並剪去餘角。以上，完成表袋身。

## ❹ 裡袋身的製作

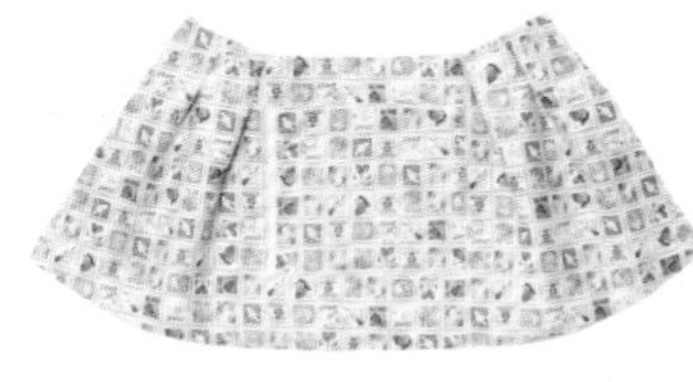

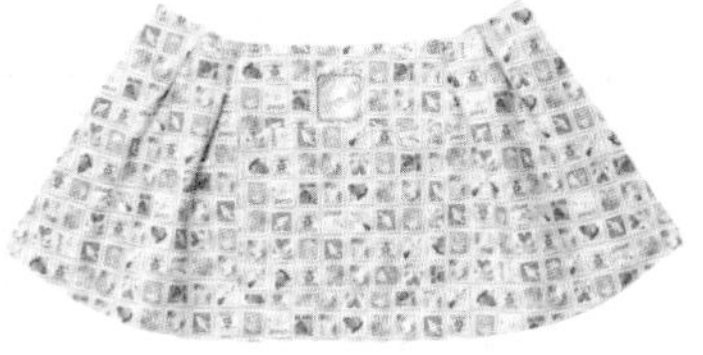

17 前／後裡布各一片，依喜好縫製內裡口袋。上邊依紙型標示車縫單向褶，留意褶子倒向，參照❷後表布的製作。

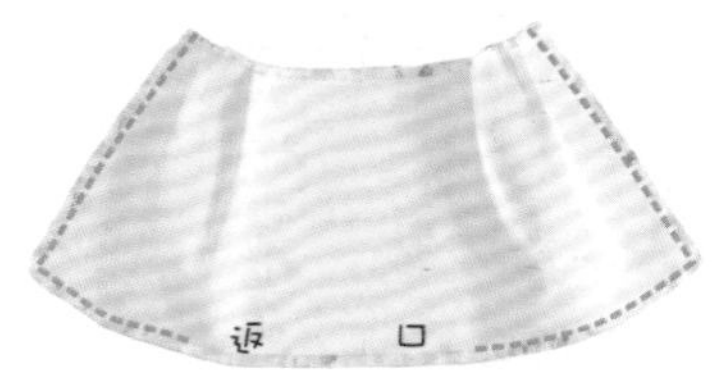


18 前後裡布正面相對，預留一返口，ㄩ形邊對齊縫合。

19 下邊車縫打角8cm並剪去餘角。以上，完成裡袋身。

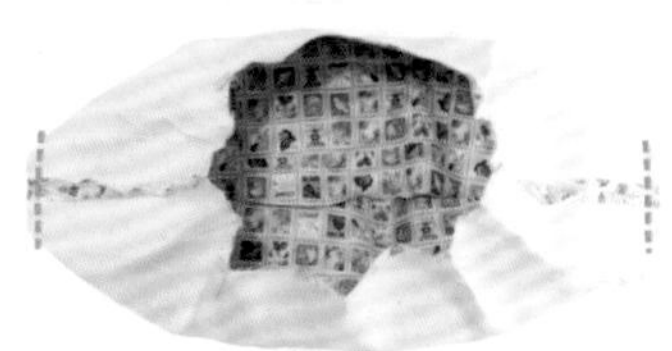

## ⑤ 拉鍊口布的製作

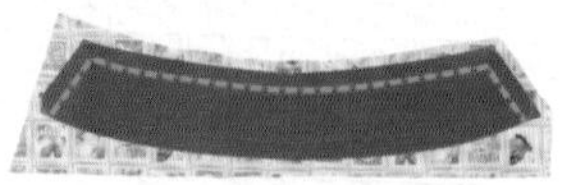

20 取拉鍊口布表／裡各一片（裡布粗裁即可）。二片正面相對，ㄇ形邊縫合。

21 然後，於裡布反面完成線內熨燙不含縫份的厚布襯。

22 剪去多餘的裡布；弧度邊的縫份剪牙口。→由下邊開口翻回正面。共需完成二組拉鍊口布如圖。

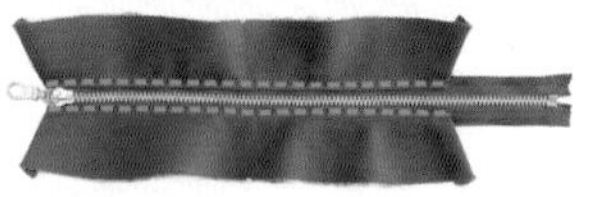

23 準備長30cm拉鍊一條。將拉鍊置於口布後方，拉鍊頭端對齊口布一端，車縫固定，如圖。

## ⑥ 前／後口布的製作

24 取口布二片正面相對，上邊縫合。→弧度邊的縫份剪牙口。→由下邊開口翻回正面。上邊壓車臨邊線。共需完成二組口布如圖。

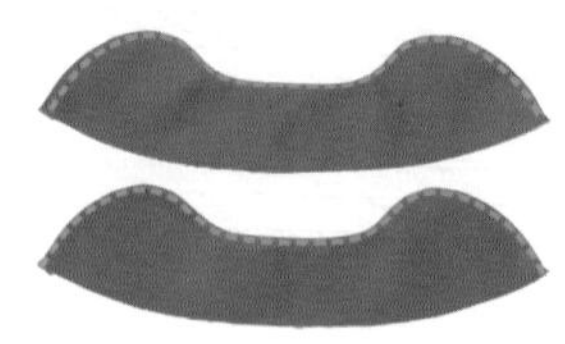

## ⑦ 全體的組合

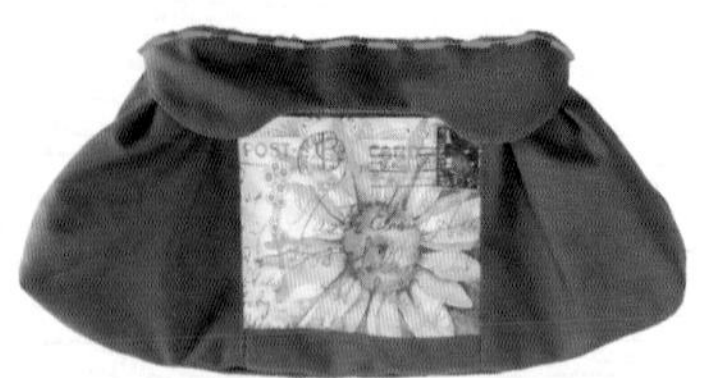

25 取一組口布粗縫於前表布上邊，正面相對，注意置中。

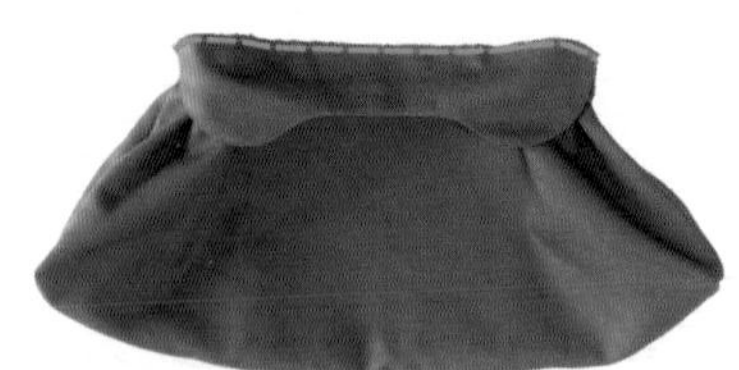

26 另一組口布粗縫於後表布上邊，正面相對，注意置中。

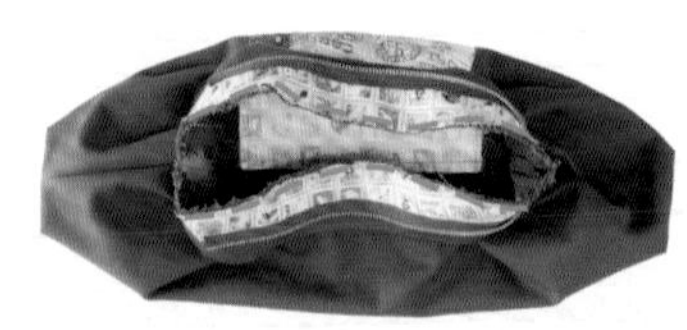

27 接著，將拉鍊口布（正面朝下）粗縫固定於前／後口布上，注意置中。

28 然後，表袋套入裡袋，正面相對，上邊縫合。

29 由裡布返口翻回正面，裡布返口藏針縫。於適當位置縫上提把。

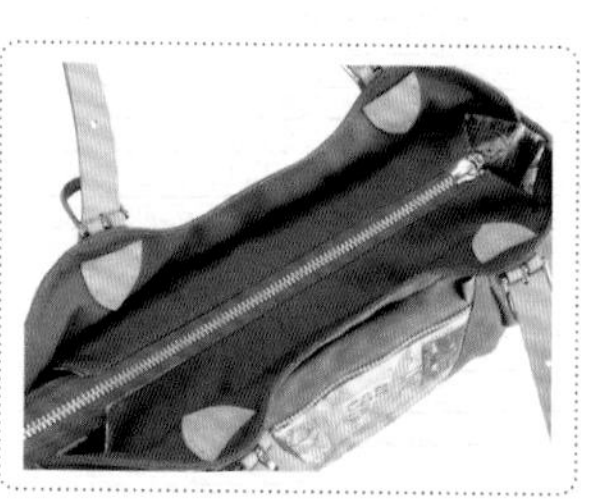

30 裡側加上檔皮一起縫合提把會更美觀。完成！

A right bag can make you look complete. How do you know what your handbag horoscope is? Check this out!

## Olive green橄欖綠 for Virgo處女座

The Earth element draws Virgos to earthy, solid colors.
In general, green, brown, off-white, and beige can bring them luck.

## Denim blue丹寧藍 for Taurus金牛座

Taureans have a special liking for floral prints and soft fabrics.
They look best in denim and white.

## Deep purple 深紫色 for Sagittarius 射手座

For work, for emitting cool confidence, Sagittarius should look for the powerful colors, ranging from dark blue to purple.

## Beige 米色 for Capricorn 魔羯座

Capricorns tend to be rather conservative and traditional in their fashion choices. Black, brown, and beige are much loved, and suit them best.

# 貓頭鷹水桶包

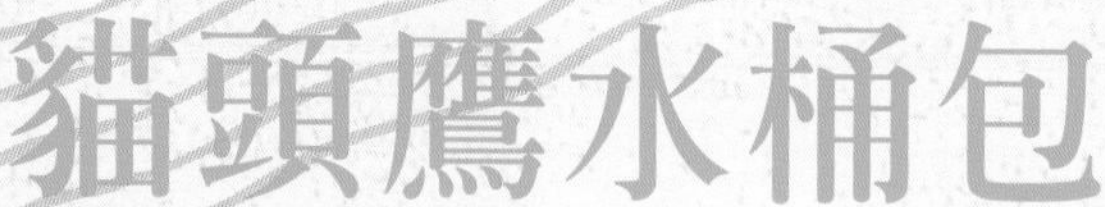

深淺色彩的鮮明趣味，賦予了對稱口袋特殊的吸睛度。
悄悄從內袋探出的窄版包邊，與口袋互相呼應，
形成一處又一處精緻講究的細節。

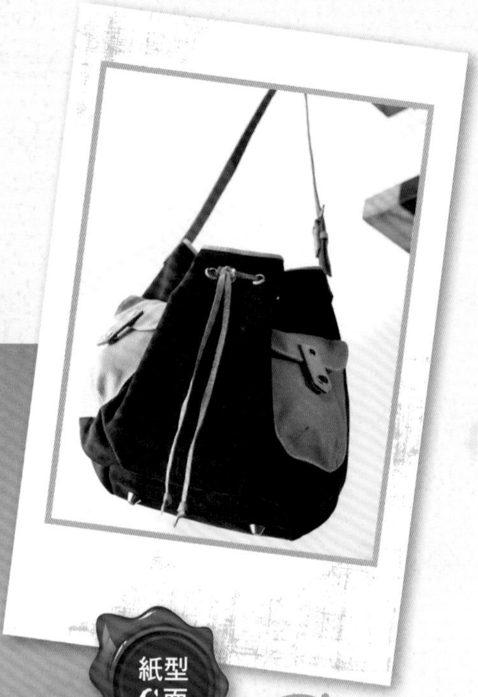

紙型
C面

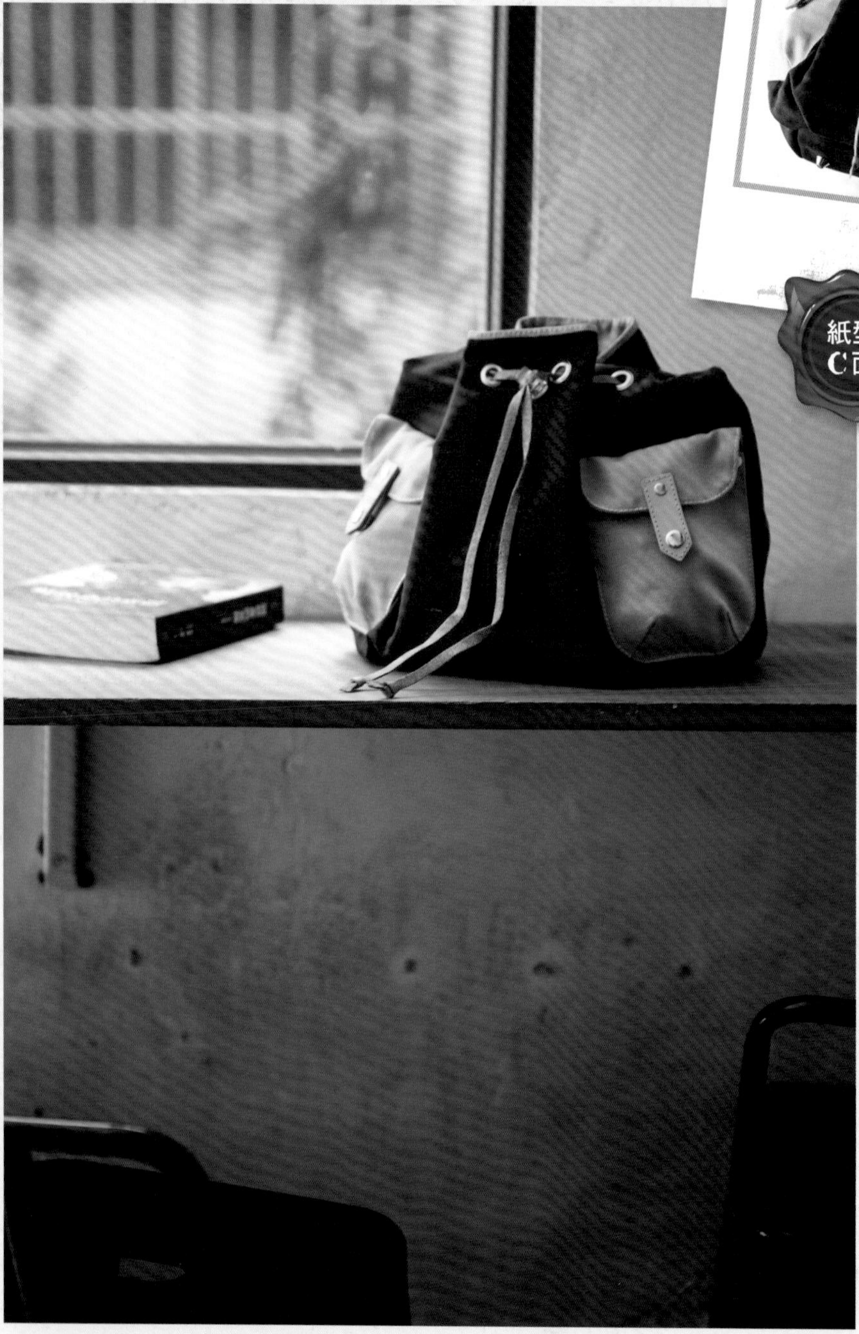

OWL BUCKET

難易度：⏰⏰⏰⏰

完成尺寸：W30×H30×D14cm

## MATERIALS 材料 以下裁布示意圖，均以幅寬110cm布料作示範排列

**單色布1**

| | | |
|---|---|---|
| 表布 | 裁46×33cm（含縫份） | 共二片 |
| 表布底 | 依紙型裁剪 | 一片 |

**單色布2**

| | | |
|---|---|---|
| 裡貼邊 | 裁90×8cm（含縫份） | 一片 |
| 前口袋表布 | 依紙型裁剪 | 共二片 |
| 前口袋袋蓋表布 | 依紙型裁剪（上邊不留縫份） | 共二片 |
| 前口袋袋蓋裡布 | 依紙型裁剪 | 共二片 |

**圖案布**

| | | |
|---|---|---|
| 前裡布 | 裁46×28cm（含縫份） | 一片 |
| 後裡布 | 裁46×28cm（含縫份） | 一片 |
| 裡布底 | 依紙型裁剪 | 一片 |
| 前口袋裡布 | 依紙型裁剪 | 共二片 |

**其它副料**

| | |
|---|---|
| 底部加厚用布 | 二～三片 |
| 8×6m/m鉚釘 | 四組 |
| 外徑17m/m雞眼釦 | 十二組 |
| 腳釘 | 二組 |
| 止線器 | 一個 |
| 皮繩 | 長約90cm |
| 厚布襯 | 需視實際搭配的布料選擇是否燙襯 |
| 可調單肩背帶 | 一組 |
| 皮釦 | 二組 |

## INSTRUCTIONS 作 法 除特別指定外，縫份均為1cm

### ❶ 前口袋和前口袋袋蓋的製作

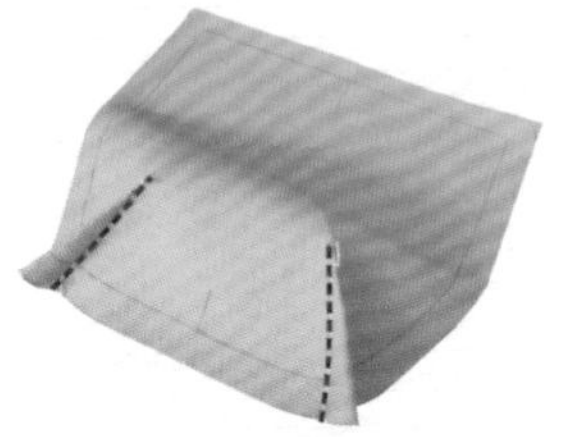

1 先車縫前口袋表布下邊兩側的夾角。

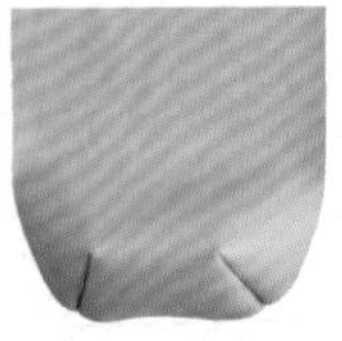

2 二片前口袋表布夾角車縫完成，正面如圖。

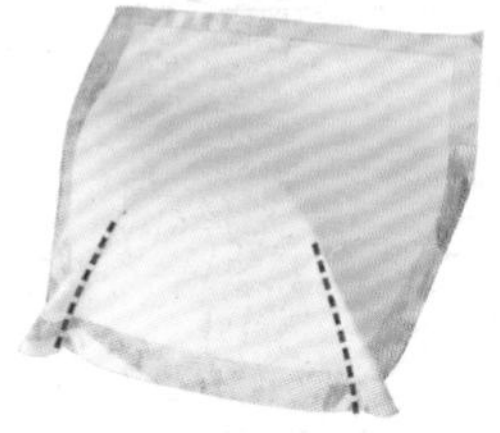

3 同法，車縫前口袋裡布下邊兩側的夾角。

4 二片前口袋裡布夾角車縫完成，正面如圖。

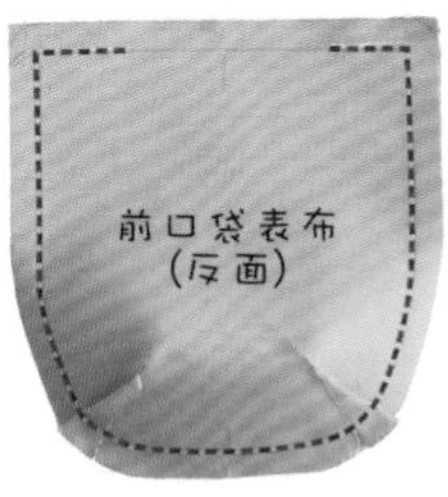

5 各取一片前口袋表／裡布，正面相對，預留一返口，縫合。注意：表／裡夾角的縫份倒向需錯開。

6 以鋸齒剪修剪弧度邊的縫份形同剪牙口。

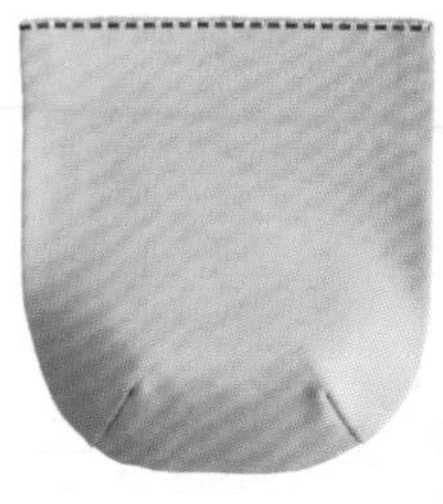

7 由返口翻回正面，上邊壓車臨邊線。

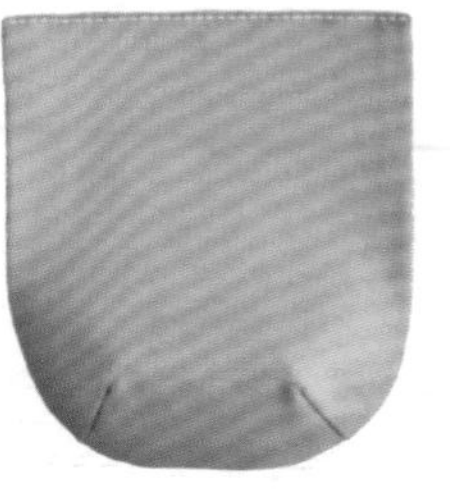

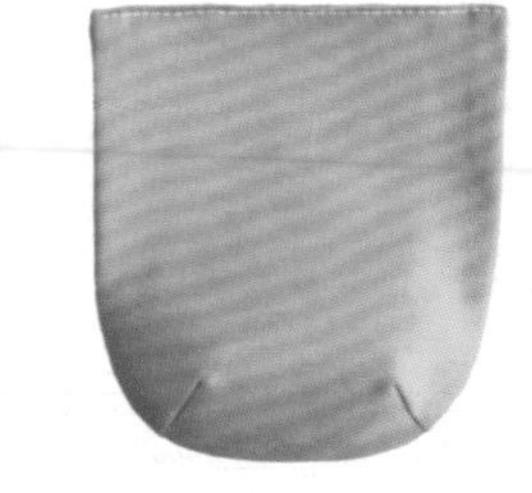

8 共完成二組前口袋。

9 前口袋袋蓋布表／裡各一片，正面相對，U形邊對齊縫合。

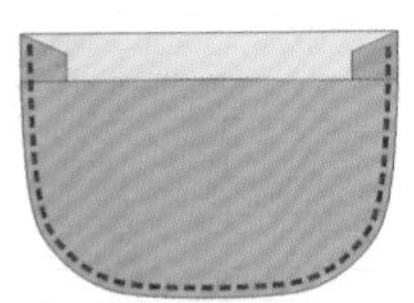

10 弧度邊的縫份剪牙口之後，由上邊開口翻回正面，U形邊壓車臨邊線。

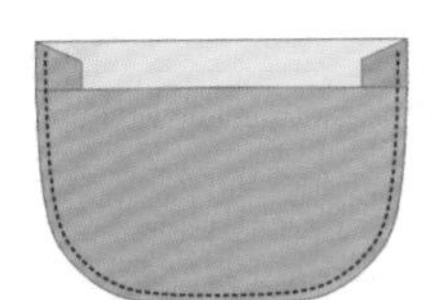

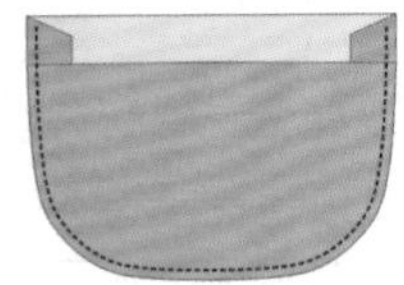

11 共完成二組前口袋袋蓋。

## ❷表布的製作

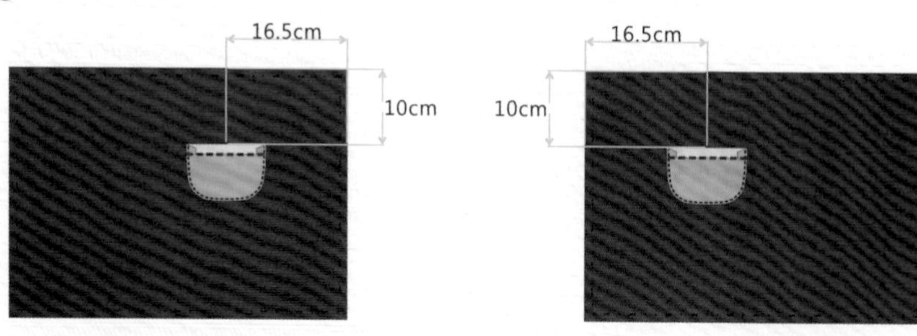


12 前口袋袋蓋正面朝上，車縫於表布指定位置。圖示標示16.5cm，袋蓋中線至表布邊緣為準。

13 同法，另一組袋蓋車縫於另一片表布指定位置。

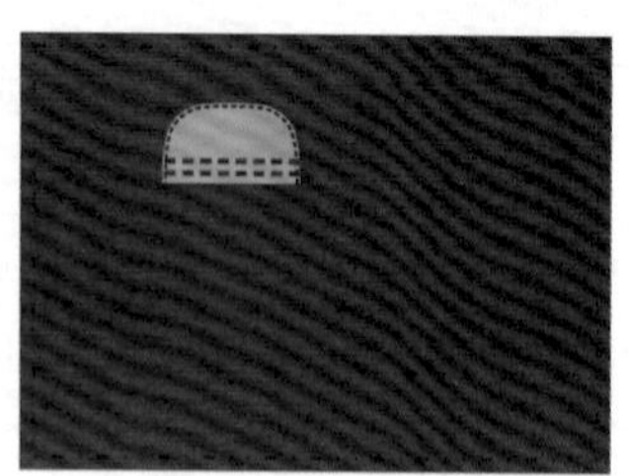

14 袋蓋往上翻，壓車二道直線。

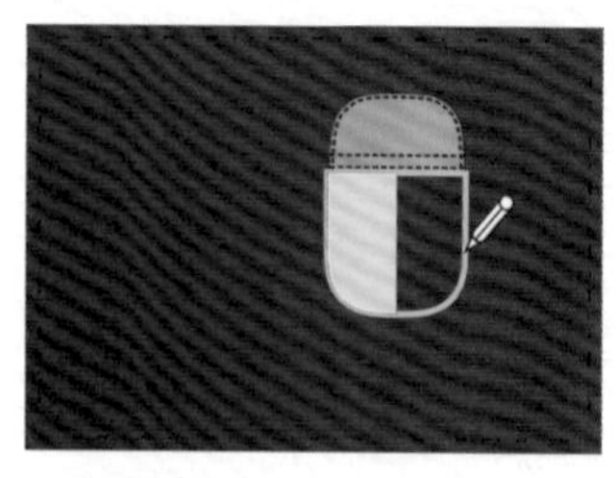

15 取前口袋位置紙型在表布上標記前口袋的位置（前口袋位置紙型上緣與袋蓋下緣對齊）。

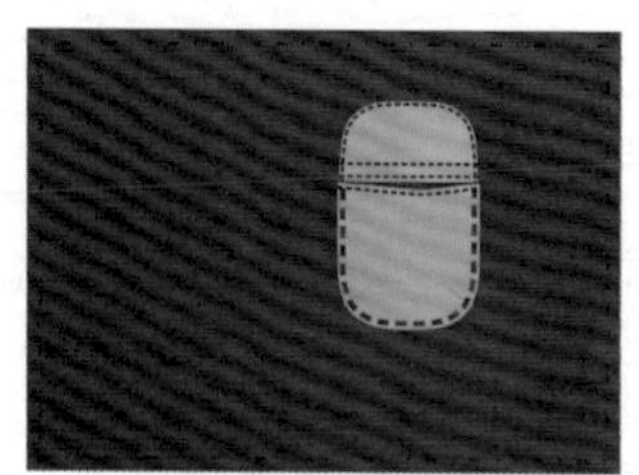

16 前口袋與標記位置對齊，壓車U形邊固定於表布。

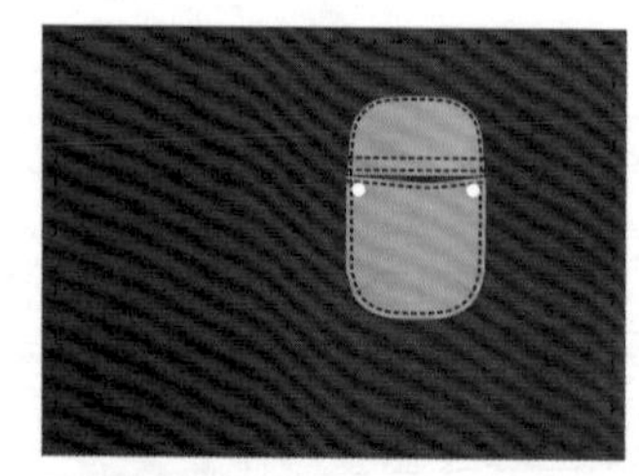

17 上端釘上鉚釘作為補強和裝飾。

18 同法，車縫固定另一組前口袋於另一片表布。

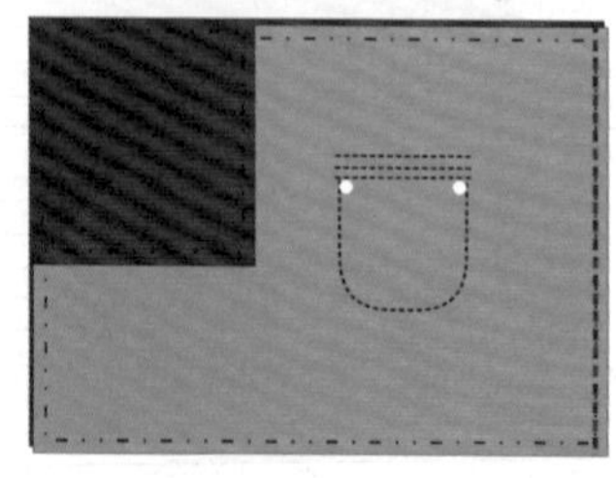

19 二片表布正面相對，車縫一側，如圖。

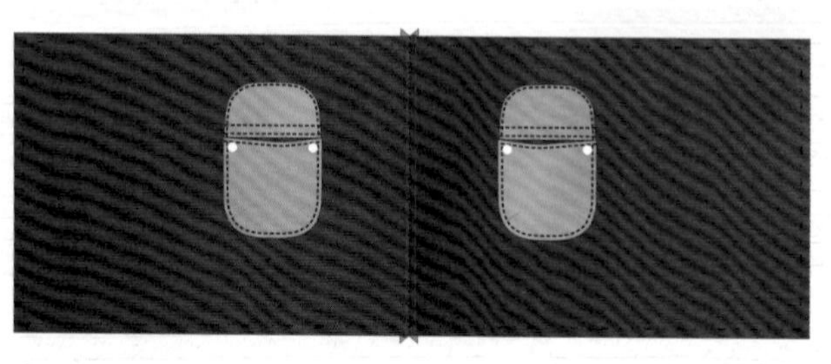

20 縫份攤開並壓車，形成的中線即為本體表布前中線。

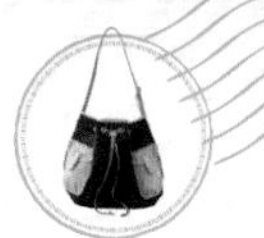

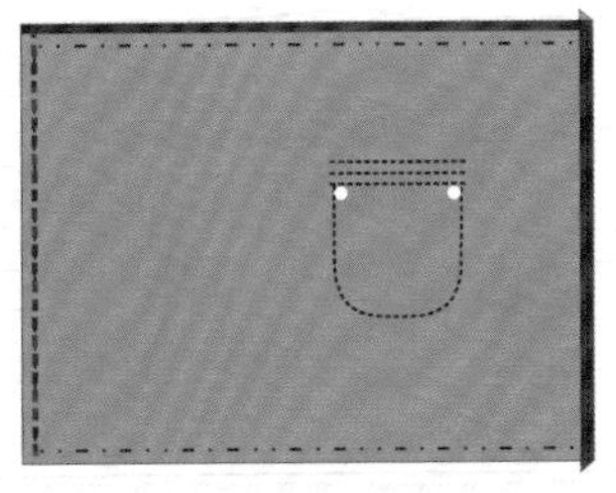

21 對折，再車縫另一側。

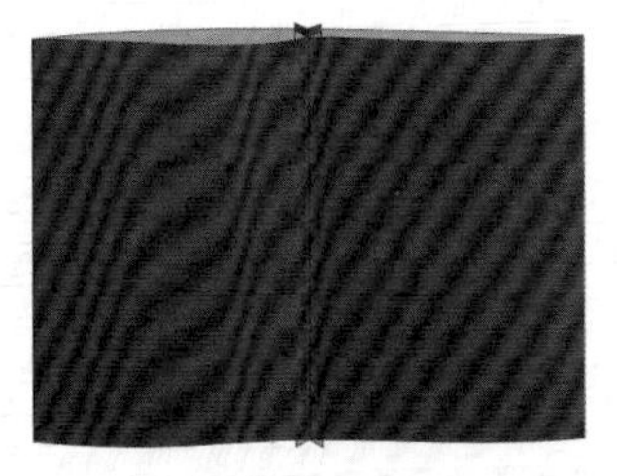

22 縫份攤開並壓車。翻回正面，如圖，其中線即為表布後中線。至此，完成本體表布。

## ❸ 裡布的製作

23 前／後裡布依喜好縫製內裡口袋。

24 前後裡布正面相對，車縫兩側。

25 縫份攤開並壓車。

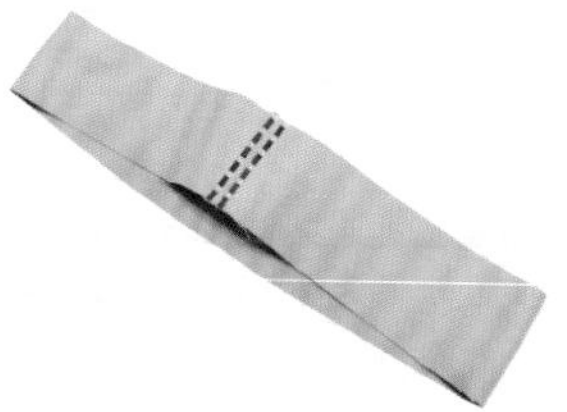

26 裡貼邊頭尾接縫，成一輪狀，縫份攤開並壓車。

27 裡貼邊套入裡布上邊，反面相對，縫合。

28 裡貼邊往上翻，縫份倒向下，壓車臨邊線一整圈。

## ❹ 底部的製作

底部加厚用布的裁剪，以不含縫份的底部紙型尺寸往內縮約0.5cm。

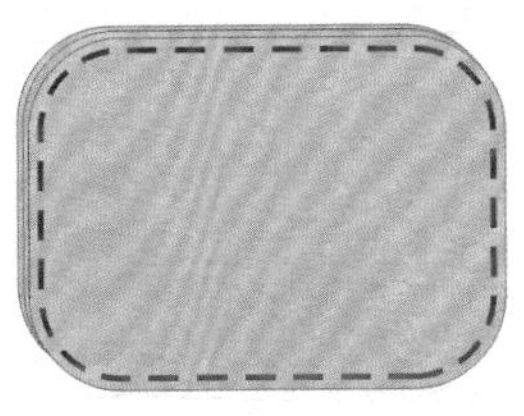

29 加厚用布二至三片，重疊對齊，周圍粗縫固定。

30 將加厚用布置於表布底反面，置中對齊，壓車臨邊線固定。

31 於指定位置裝置腳釘。

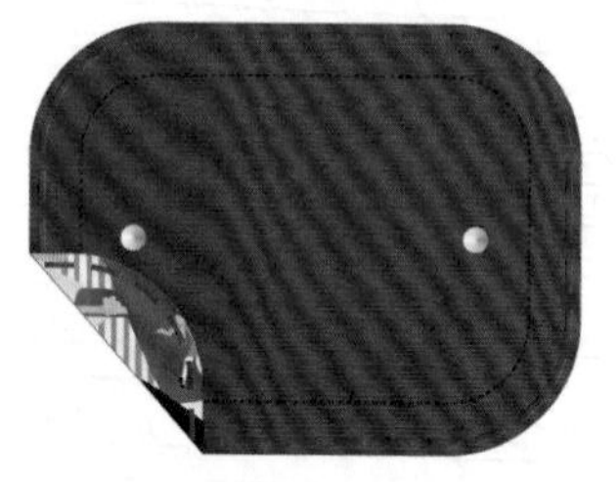

32 裡布底和表布底反面相對，周圍粗縫固定。

## ❺全體的組合

33 步驟❷套入步驟❸，正面相對，上邊縫合。

34 翻回正面，裡貼邊保留0.3～0.5cm外露於表布上邊。如右圖，壓車臨邊線一整圈於裡貼邊上。

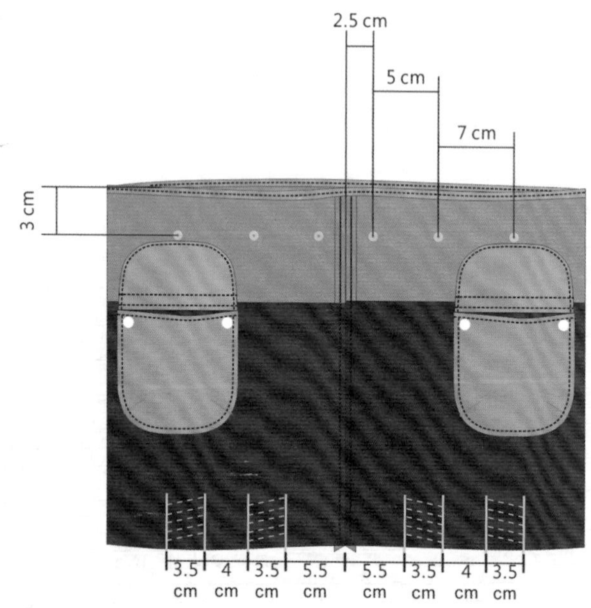


35 前／後下邊依圖解處理單向褶，前／後上邊依圖解標記雞眼釦位置。

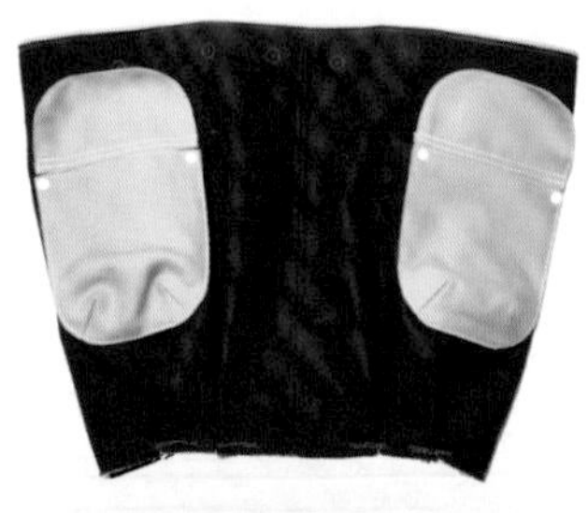

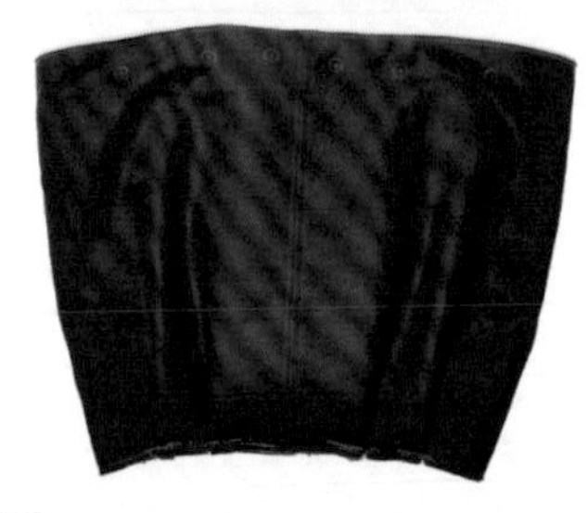

36 下邊粗縫固定單向活褶如圖。

37 下邊與步驟❹正面相對縫合。

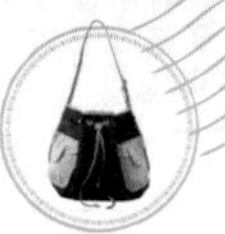

## ❻ 雞眼釦和束繩

38 以人字帶包覆縫份完成包邊。

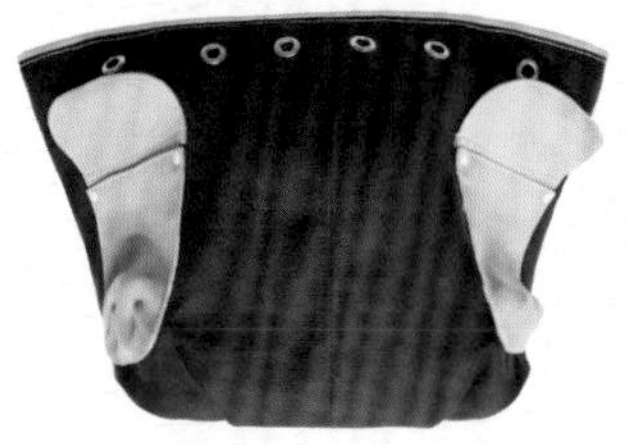

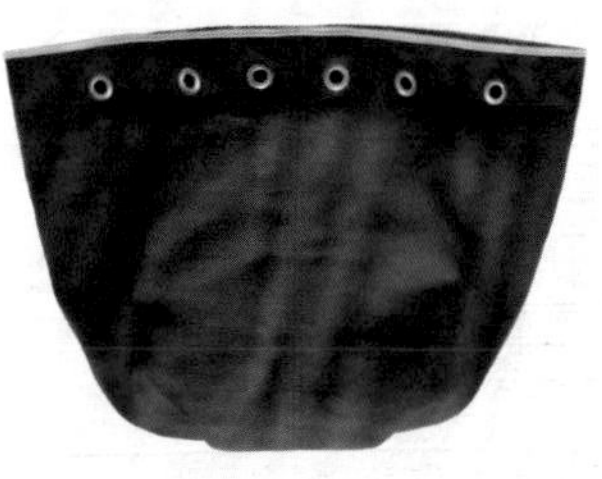

39 全體翻回正面。前／後上邊共裝置十二組雞眼釦。

## ❼ 提把和前口袋皮釦

40 取長約90cm皮繩一條，如圖穿入雞眼釦。

41 皮繩兩端穿入止線器，再打結。

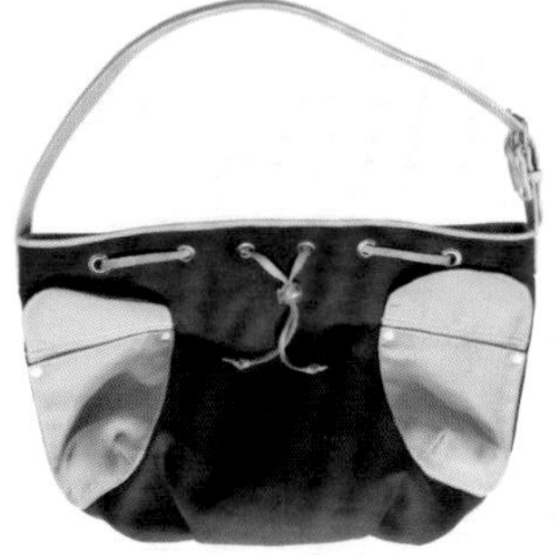

42 於袋口兩側縫上提把。

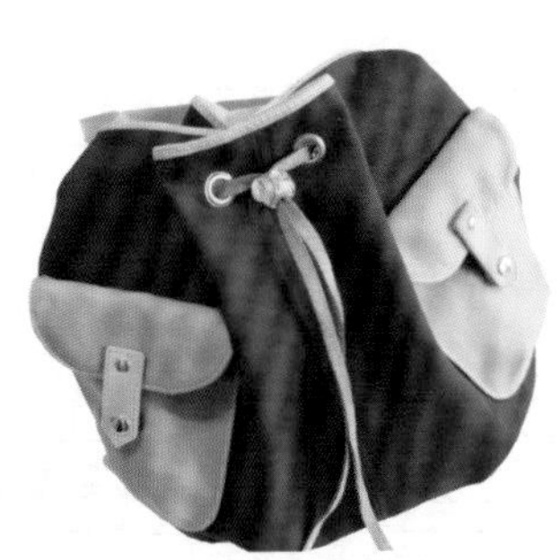

43 前口袋和袋蓋對應位置裝置皮釦。此動作可於步驟❶時先行處理則較不妨礙。完成！

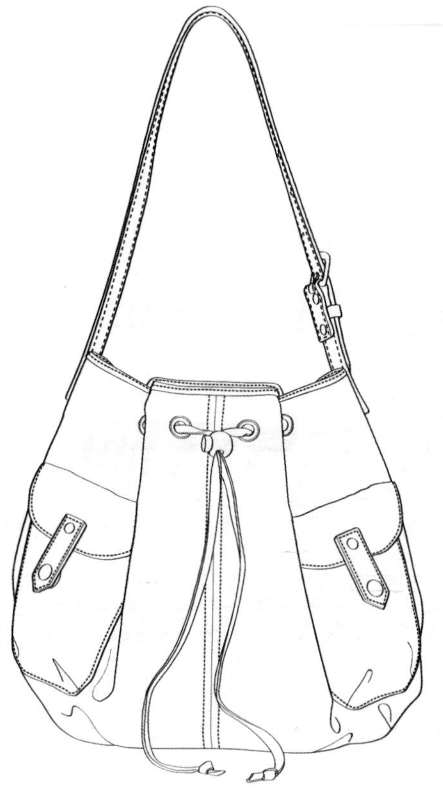

## Blue color combination 藍色系組合 for Pisces 雙魚座

Blue color combination provides a sense of balance and calm for highly imaginative Pisceans.

## Chocolate-brown 褐色＋Grey 灰色 for Capricorn 魔羯座

Hard work is what keeps Capricorns moving. Wear a handbag in chocolate-brown and grey to bring in good luck.

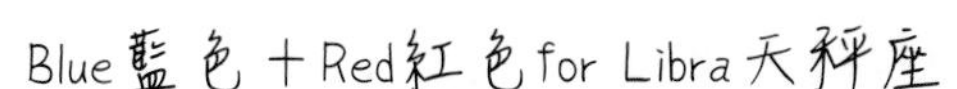


A good color combination such as blue and red gives Librans strength of will and enhances their judgement.

## Brick orange磚橘＋Grey blue灰藍 for Virgo 處女座

The combination of brick orange and grey blue gives Virgos a feeling of comfort and relaxation.

# 一手掌握巧拿包

前後的反差配色，使小型包也擁有鮮明的個性。
可靠的持手在行進間輔助掌握著，
不論單獨使用或做為袋中袋，都是恰到好處的存在。

紙型 B面

HANDLE CLUTCH

難易度：⏰⏰⏰
完成尺寸：W24×H18×D5cm

## MATERIALS 材料 以下裁布示意圖，均以幅寬110cm布料作示範排列



**單色布1**

| | | |
|---|---|---|
| 前表布 | 依紙型裁剪 | 一片 |
| 側邊表布 | 裁46×7cm（含縫份） | 一片 |
| 側邊裡布 | 裁46×7cm（含縫份） | 一片 |



**單色布2**

| | | |
|---|---|---|
| 後口袋上片 | 依紙型裁剪 | 一片 |
| 後口袋下片 | 依紙型裁剪 | 一片 |
| 拉鍊口布表 | 裁32.5×4cm（含縫份） | 共二片 |
| 拉鍊口布裡 | 裁32.5×4cm（含縫份） | 共二片 |

**圖案布**

| | | |
|---|---|---|
| 前裡布 | 依紙型裁剪 | 一片 |

**單色布3**

| | | |
|---|---|---|
| 後口袋裡側布 | 依紙型裁剪 | 一片 |

**其它副料**

| | | | |
|---|---|---|---|
| 寬3cm織帶 | 長約29cm | 持手用皮條 | 一片 |
| 拉鍊長30cm | 一條 | 皮片釦 | 一組 |
| 寬2.5cm人字帶 | 約需160cm | D型環側邊皮片 | 一組 |

## INSTRUCTIONS 作 法 除特別指定外，縫份均為1cm

### ❶ 持手的製作

1 長29cm織帶一條，對折縫合，頭尾7.5cm不車。

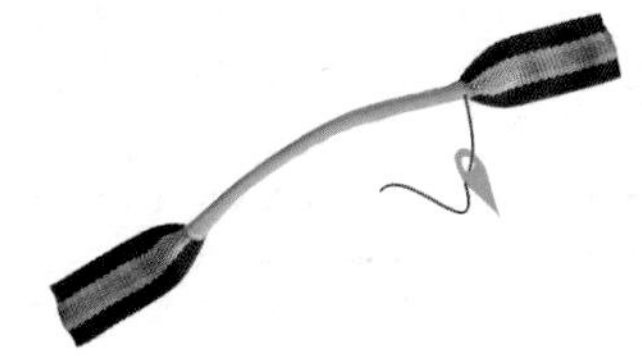

2 中央段以皮條包夾縫合。留意皮條的前後縫洞需對齊。

### ❷ 前表布的製作

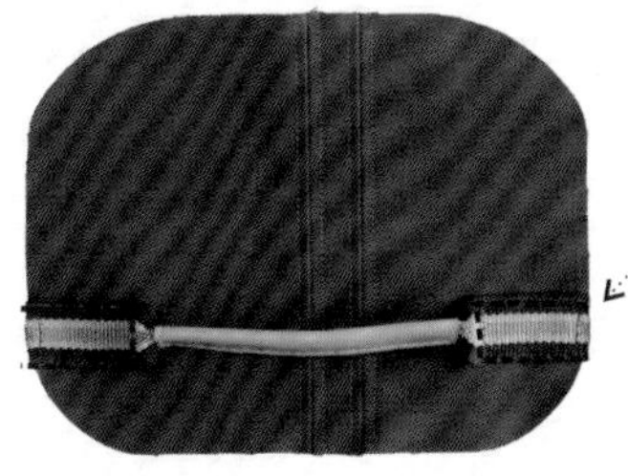

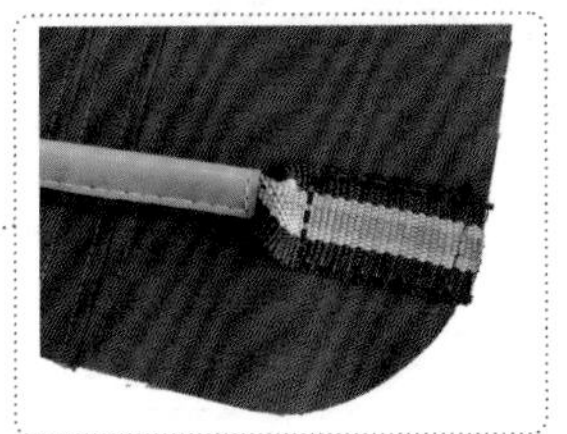

3 前表布一片，可做同色或多色布片的拼接變化。將持手車縫固定於紙型標示位置。完成前表布。

### ❸ 後表布的製作

後表布以口袋構成

4 裁剪後口袋上片布一片。

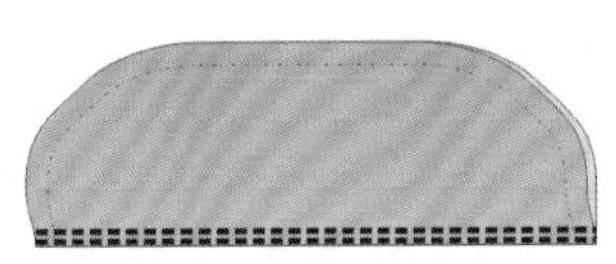

5 往上對折，對折處壓車二道直線。

6 裁剪後口袋下片布一片。

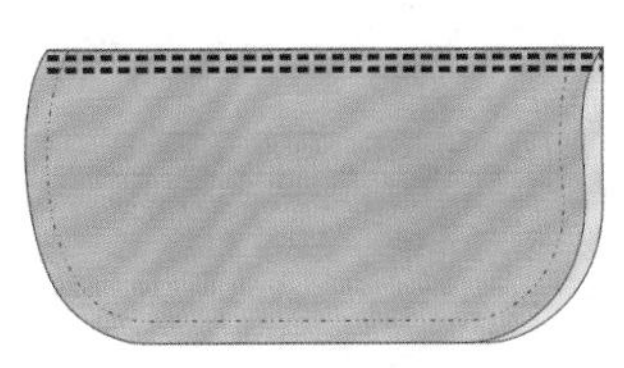

7 往下對折，對折處壓車二道直線。

8 裁剪後口袋裡側布一片。

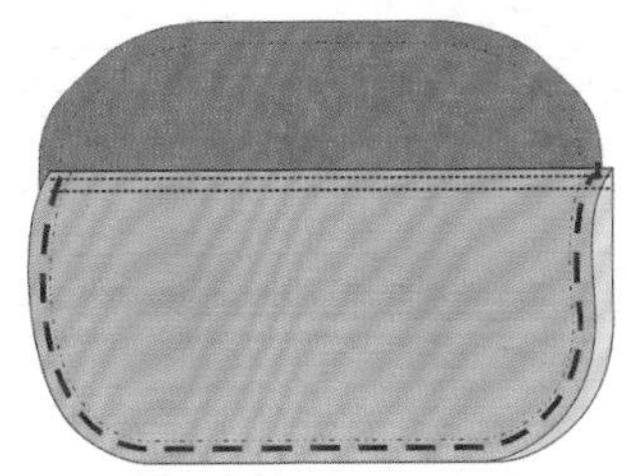

9 後口袋下片和後口袋裡側布U形邊對齊，粗縫固定。

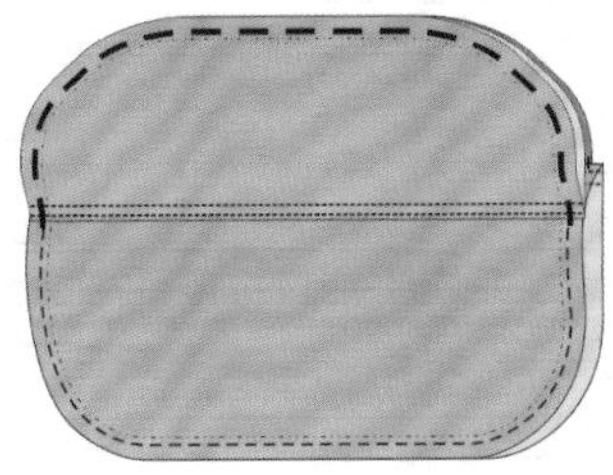

10 後口袋上片和後口袋裡側布ㄇ形邊對齊，粗縫固定。

## ❹ 前裡布的製作

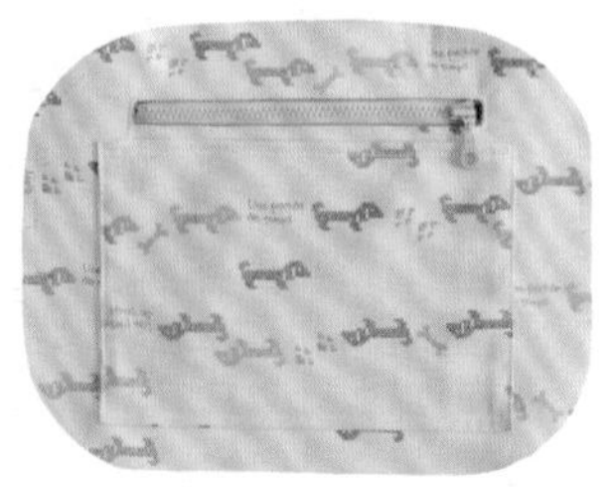

11 前裡布一片，依喜好縫製內裡口袋。

## ❺ 拉鍊口布和側邊表裡布

12 取拉鍊口布表／裡各一片。正面相對，夾車長30cm拉鍊。

13 翻回正面，如圖，壓車臨邊線。

14 同法，另二片口布表裡布夾車拉鍊的另一邊並壓車。

15 側邊表裡布正面相對，夾車拉鍊口布兩端。

16 翻回正面，縫份倒向側邊布並壓車。

## ❻ 全體的組合

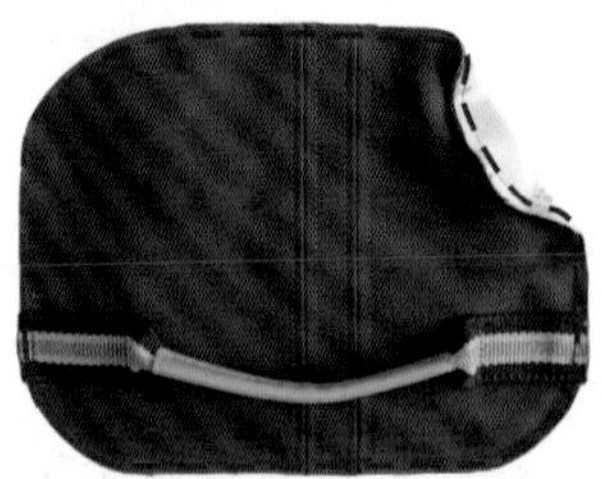

17 前表布和前裡布反面相對對齊，粗縫固定。

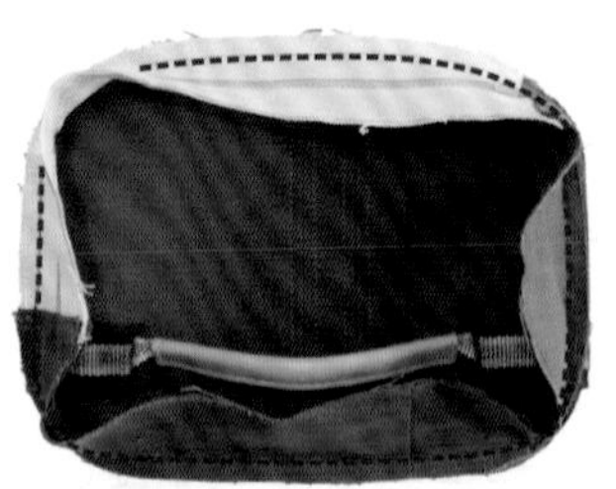

18 然後周圍和步驟❺正面相對縫合，如圖。需留意拉鍊頭端的合印對齊。

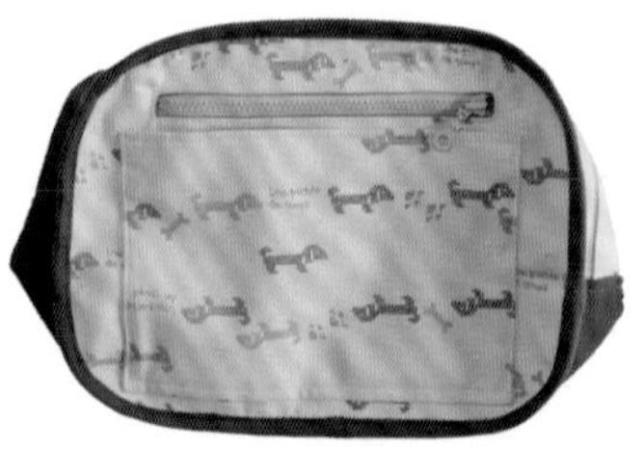

19 以人字帶包覆車縫縫份。

20 步驟❸的口袋上先固定皮片釦。

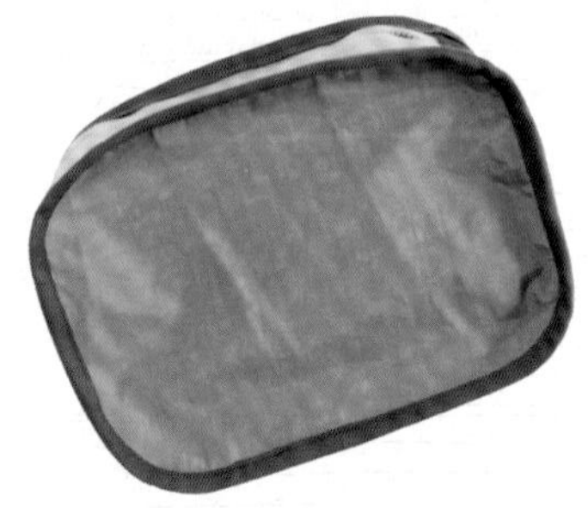

21 同法，周圍和步驟❺的另一邊正面相對縫合，並以人字帶包覆車縫縫份。

22 全體翻回正面。於側邊的拉鍊頭端下方，釘上皮片和D型環。完成！

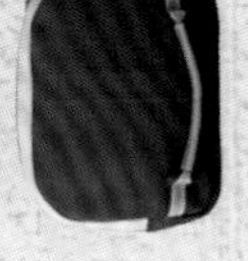

A right bag can make you look complete. How do you know what your handbag horoscope is? Check this out!

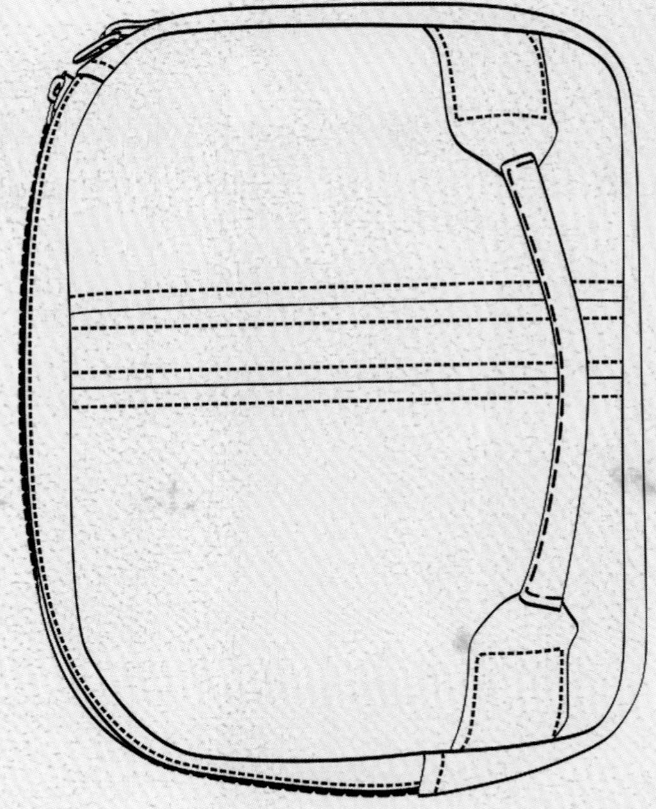

# 復刻迷你波士頓

看著就想微笑的小巧手提包，
混搭防水布與皮革的筆挺特性，
在各個細節的處理講究，
呈現大女孩風格的名品精緻感。

紙型
B面

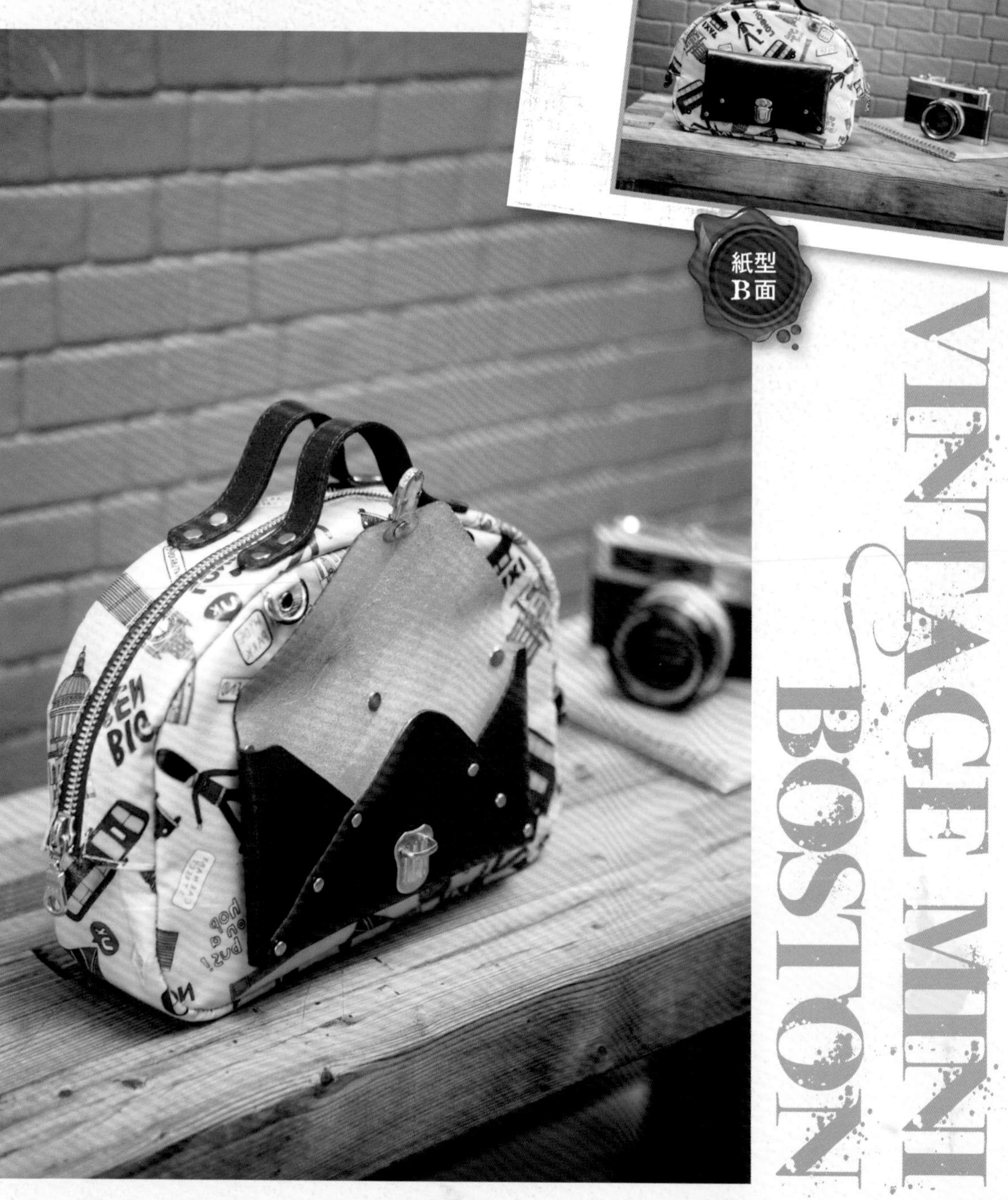

VINTAGE MINI
BOSTON

難易度：⏰⏰⏰
完成尺寸：W25×H18×D8cm

## MATERIALS 材 料 以下裁布示意圖，均以幅寬110cm布料作示範排列

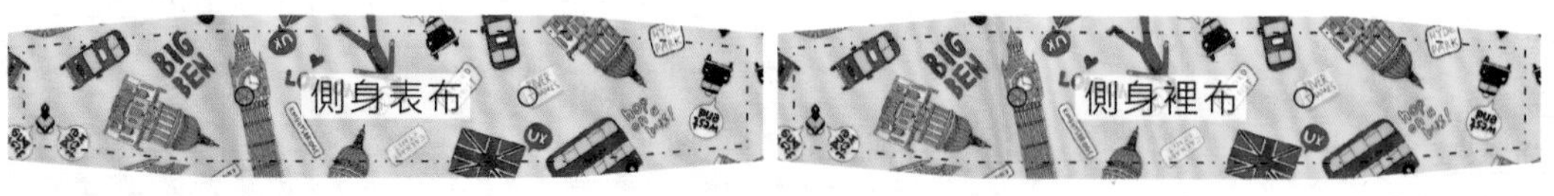


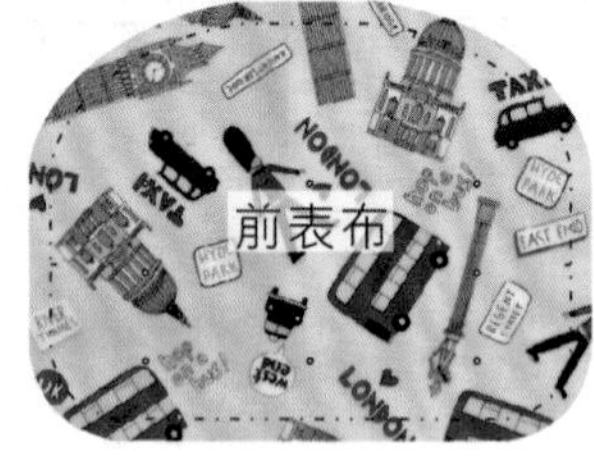

**圖案布**

| | | |
|---|---|---|
| 前表布 | 依紙型裁剪 | 一片 |
| 後表布 | 依紙型裁剪 | 一片 |
| 側身表布 | 依紙型裁剪 | 一片 |
| 側身裡布 | 依紙型裁剪 | 一片 |
| 拉鍊口布 | 裁42×5cm（含縫份） | 共四片 |
| 掛耳布 | 裁6×3cm | 共二片 |

**條紋布**

| | | |
|---|---|---|
| 前裡布 | 依紙型裁剪 | 一片 |
| 後裡布 | 依紙型裁剪 | 一片 |

**其它副料**

| | | | |
|---|---|---|---|
| 底部加厚用布 | 裁20×7cm 二～三片 | 寬2.5cm人字帶 | 約需170cm |
| 長40cm拉鍊 | 一條 | 厚布襯 | 需視實際搭配的布料選擇是否燙襯 |
| 寬1.5cmD型環 | 二個 | 植鞣革信封口袋 | 一組 |
| 8×8m/m鉚釘 | 二組 | 短提把 | 一組（二條） |
| 腳釘 | 三組 | 拉鍊尾皮片 | 一片 |

## INSTRUCTIONS 作 法 除特別指定外，縫份均為1cm

### ❶ 前／後表布和掛耳的製作

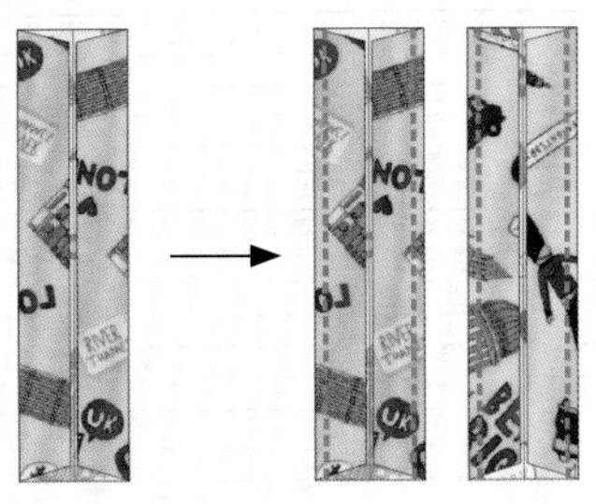

1 掛耳布二長邊往中線折入。→壓車二道臨邊線。共需完成二枚掛耳布。

2 前表布依紙型標示先打洞（信封口袋的鉚釘固定洞共八個）。

3 取一枚掛耳布，正面朝下，一端粗縫於前表布指定位置。

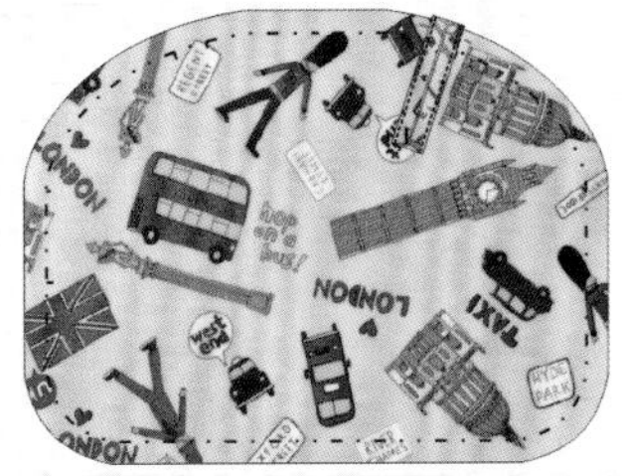

4 同法，將另一枚掛耳布粗縫於後表布指定位置。

### ❷ 前／後裡布的製作

5 依個人喜好於後裡布縫製內裡口袋。

6 前裡布打洞（信封口袋的鉚釘固定洞共八個），同前表布。前裡布不做內裡口袋，避免妨礙信封口袋的釘合固定。

### ❸ 前／後表裡布的組合

7 前表布和前裡布反面相對，周圍粗縫固定。

8 後表布和後裡布反面相對，周圍粗縫固定。

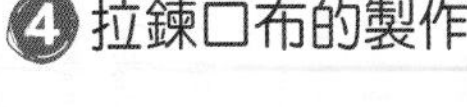

### ❹ 拉鍊口布的製作

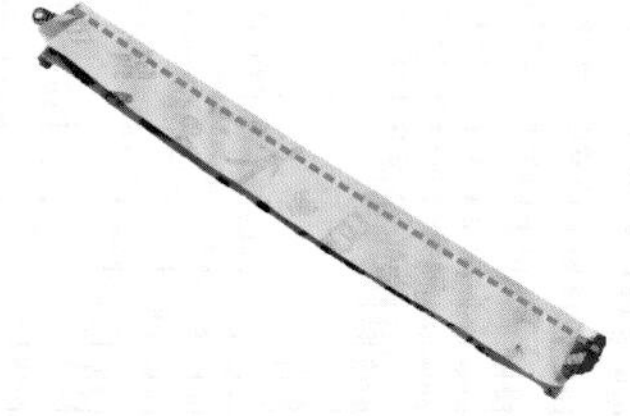

9 口布兩端縫份折入1cm。取二片口布，正面相對，夾車長40cm拉鍊。

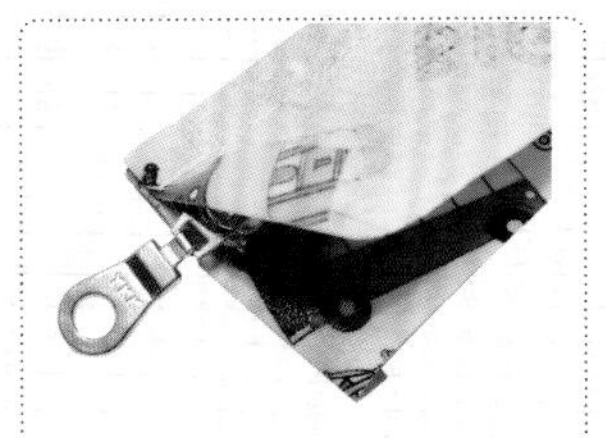

10 注意，拉鍊頭布先修剪或折好。口布夾車拉鍊時，拉鍊頭端需與口布一端齊。

11 翻回正面，ㄩ形邊壓車臨邊線。

12 同法，另二片口布夾車拉鍊的另一邊並壓車。

5.5 cm 4 cm
1.5 cm
口布中線
4 cm 5.5 cm

## ❺側身的製作和底部加厚

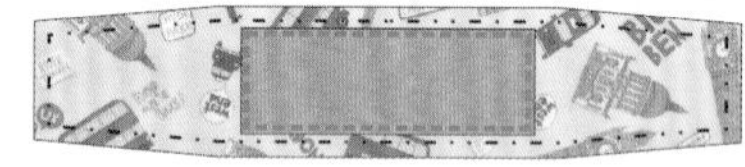

**13** 於指定位置釘好八個鉚釘洞，作為短提把的固定洞。

**14** 底部加厚用布共二至三片，重疊對齊，周圍粗縫固定。

**15** 然後，置於側身表布反面中央位置，壓車臨邊線固定。如圖。

**16** 接下來，於中央位置釘上三組腳釘。腳釘間距約9cm。

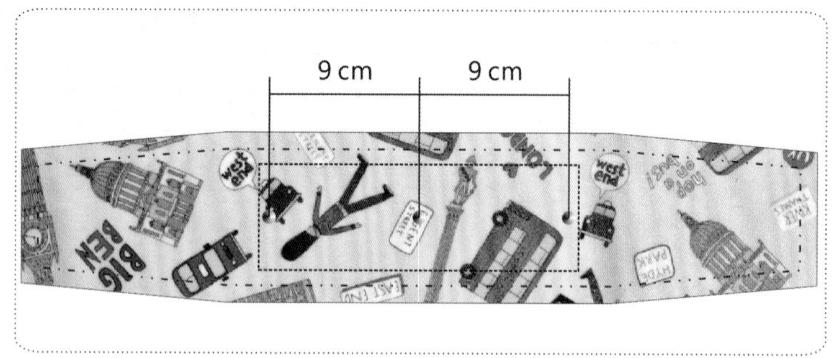


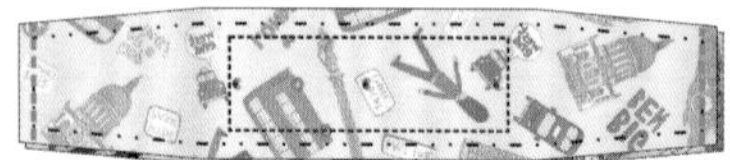

**17** 側身表／裡布正面相對，車縫兩端。

**18** 翻回正面，兩端壓車臨邊線。

## ❻全體的組合

**19** 拉鍊口布和前表布∩形邊置中對齊，正面相對縫合。

**20** 拉鍊口布另一邊和後表布∩形邊置中對齊，正面相對縫合。

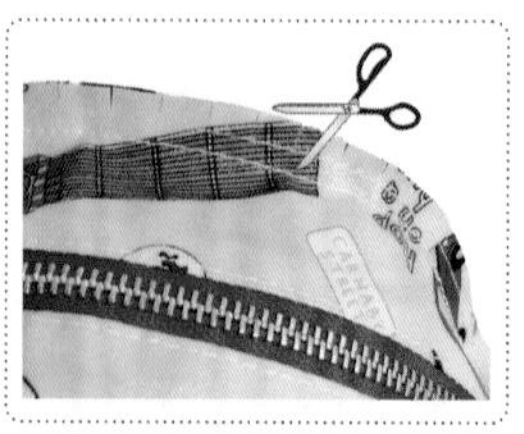

**21** 為使弧度邊的縫合平順，縫份需剪牙口。

**22** 步驟❺和前表布U形邊置中對齊，正面相對縫合。

**23** 步驟❺另一邊和後表布U形邊置中對齊，正面相對縫合。

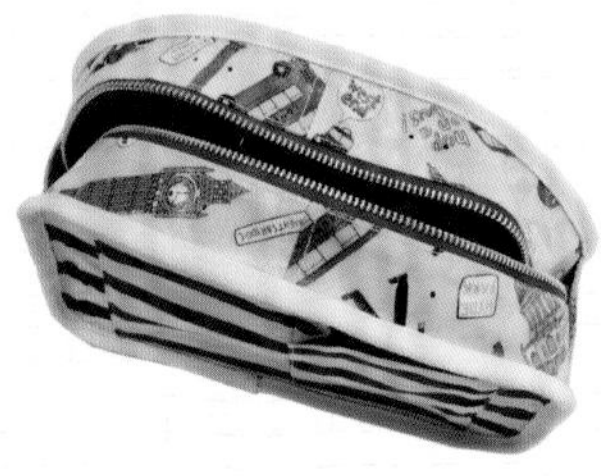

**24** 前／後縫份均以人字帶包覆縫合。

### ❼掛耳

25 1.5cm的D型環穿入掛耳布，掛耳布如圖折三折，以鉚釘固定。

### ❽短提把

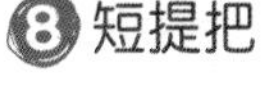

26 依拉鍊口布上的打洞位置，固定提把。

### ❾信封口袋

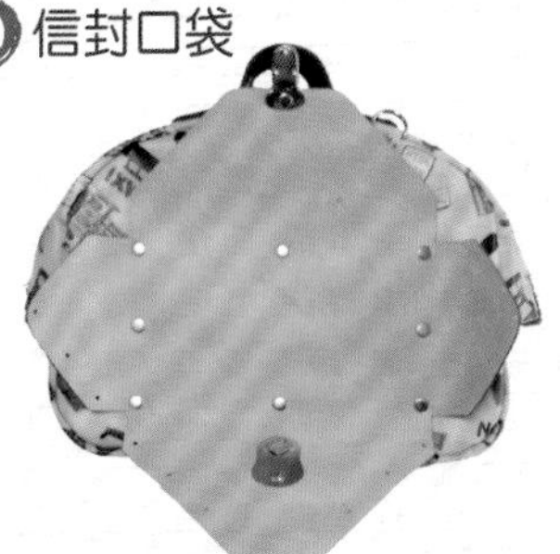

27 先以鉚釘將信封口袋固定於包體前面。

28 再將信封口袋折好，以鉚釘固定成型。

29 書包釦往下扣合，即為信封口袋。

### ❿縫皮片

30 手縫拉鍊尾皮片。步驟❼的掛耳可勾上斜背帶。完成！

## LuLu's TIPS 細節技巧

在步驟❻裡，縫份以人字帶包覆縫合，是製作手作包時被廣泛採用的布邊收邊方式，可使用專業的捲布器來輔助車縫。這裡示範的是不使用捲布器也能做到整齊美觀的包邊縫。人字帶的寬度，視布料厚度和作品縫份而定，通常，寬度2～2.5cm是基本必備的人字帶；車線顏色以與人字帶相近的顏色為最佳選擇。

1 人字帶對齊布料上的縫合完成線，如圖，沿著人字帶左側車縫臨邊線。

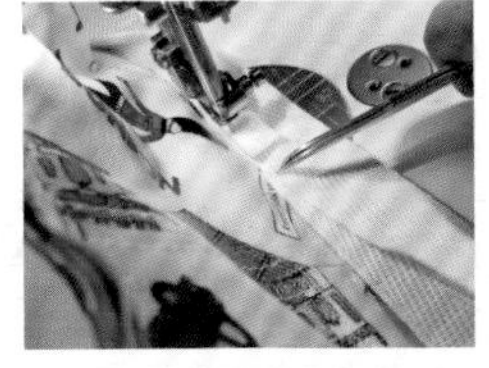

2 人字帶頭尾處約重疊3cm。

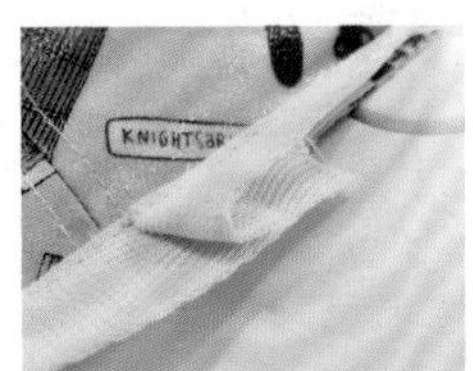

3 暫停車縫；人字帶尾端先如圖所示折入，再繼續往前車縫至止點。

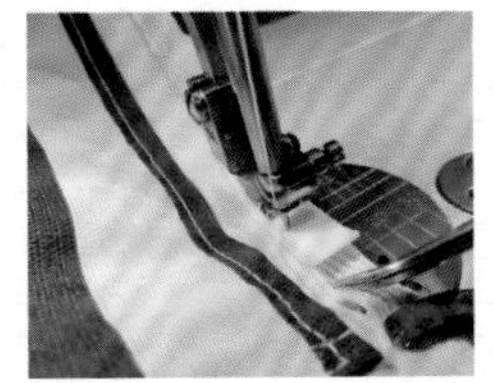

4 人字帶往背面折，包覆布料的縫份，用小夾子稍微固定布料和人字帶，然後，沿著人字帶再車縫一次臨邊線。

※一邊車縫一邊以目打（錐子）壓住人字帶，使人字帶可以覆蓋遮蔽之前的車縫線。在此步驟若覺得布料太厚不易順利車縫，只要將布料縫份修剪窄些即可。

5 結構牢固完整的包邊車縫完成。

## Light blue 淺藍 for Aquarius 水瓶座

By sticking with light blue, Aquarius can enhance their chances of enjoying good luck throughout the year.

## Black 黑 + Grey 灰 for Capricorn 魔羯座

Having handbags with repeating patterns and darker hues will increase Capricornian energy and carry on despite all difficulties.

## Purple 紫色 for Sagittarius 射手座

Purple is really bold and sure to please Sagittarians. Purple of any shade isn't limited to Sagittarius fashion.

## Green 綠 + Black 黑 for Libra 天秤座

Black is a favourite with all Librans. Green makes them more respectful of others, willing to share.

# 完封拉鍊托特包

充滿平衡感與實用性的托特袋型，
主袋口擁有令人安心的封閉式拉鍊設計。
前袋口簡化製程卻更顯特殊的袋蓋樣式，
裡裡外外都能感受到一個又一個細節改造的驚喜。

紙型B面

ZIP UP TOTE

難易度：⏰⏰⏰⏰
完成尺寸：W35×H27×D12cm

## MATERIALS 材料 以下裁布示意圖，均以幅寬110cm布料作示範排列

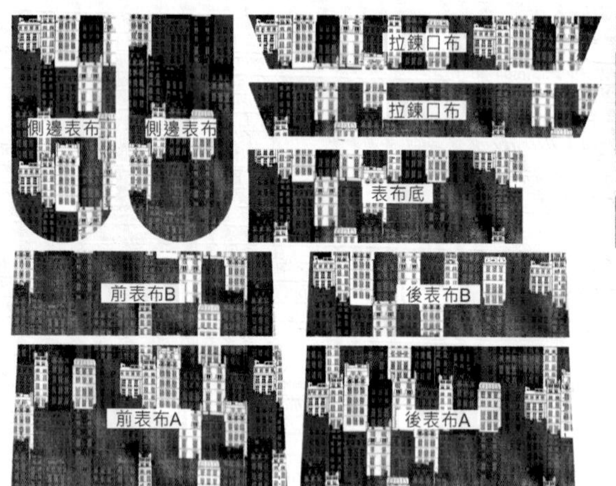

**圖案布1**

| | | |
|---|---|---|
| 前表布A | 依紙型裁剪 | 一片 |
| 前表布B | 依紙型裁剪 | 一片 |
| 後表布A | 依紙型裁剪 | 一片 |
| 後表布B | 依紙型裁剪 | 一片 |
| 表布底 | 裁37×12cm（含縫份） | 一片 |
| 側邊表布 | 依紙型裁剪 | 共二片 |
| 前袋蓋布 | 裁27×30cm（含縫份） | 一片 |
| 拉鍊口布 | 依紙型裁剪 | 共二片 |

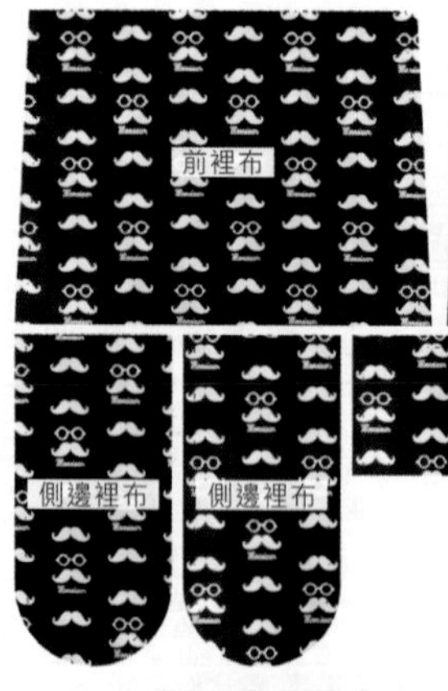

**圖案布2**

| | | |
|---|---|---|
| 前裡布 | 依紙型裁剪 | 一片（上邊不留縫份） |
| 後裡布 | 依紙型裁剪 | 一片（上邊不留縫份） |
| 側邊裡布 | 依紙型裁剪 | 共二片（上邊不留縫份） |
| 裡布底 | 裁37×12cm（含縫份） | 一片 |
| 前一字口袋布 | 裁25×34cm（含縫份） | 一片 |

底部加厚用布

底部加厚用布

底部加厚用布

**單色布1**

| | | |
|---|---|---|
| 後一字拉鍊口袋布 | 裁25×34cm（含縫份） | 一片 |

**單色布2**

| | | |
|---|---|---|
| 底部加厚用布 | 裁34×9cm | 二～三片 |

**其它副料**

| | | | |
|---|---|---|---|
| 長20cm拉鍊 | 一條 | 皮條釦 | 一組 |
| 長40cm拉鍊 | 一條 | 肩背提把 | 一組（二條） |
| 人字帶 | 約需長90cm | 拉鍊頭皮片 | 二組 |
| 腳釘 | 三組 | 厚布襯 | 需視實際搭配的布料選擇是否燙襯 |

## INSTRUCTIONS 作法 除特別指定外，縫份均為1cm

### ❶ 後表布的製作

1 於一字拉鍊口袋布上邊中央處畫一21×2cm⊔形記號線。口袋布與後表布A上邊正面相對置中對齊，車縫⊔形記號線。

2 修剪⊔形上的縫份，使縫份僅留約1cm即可。轉角處剪牙口。

3 口袋布翻至後表布A背面。

4 取長20cm拉鍊一條，置於⊔形後方並對齊後表布A上緣，注意置中。沿著⊔形車縫臨邊線固定拉鍊。

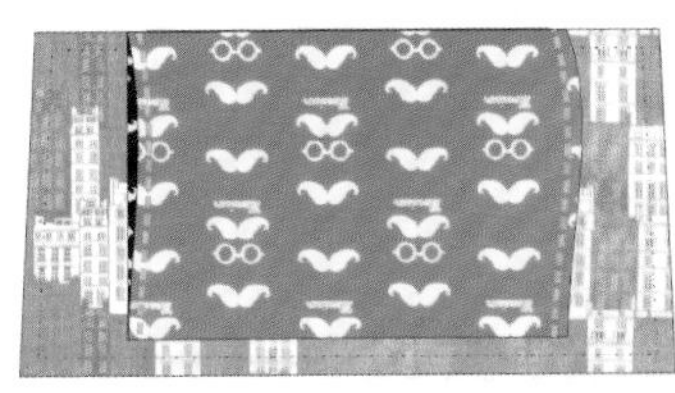

5 翻至背面；口袋布往上對折與後表布A上邊齊，車縫口袋布兩側。

6 然後，上邊與後表布B正面相對縫合。

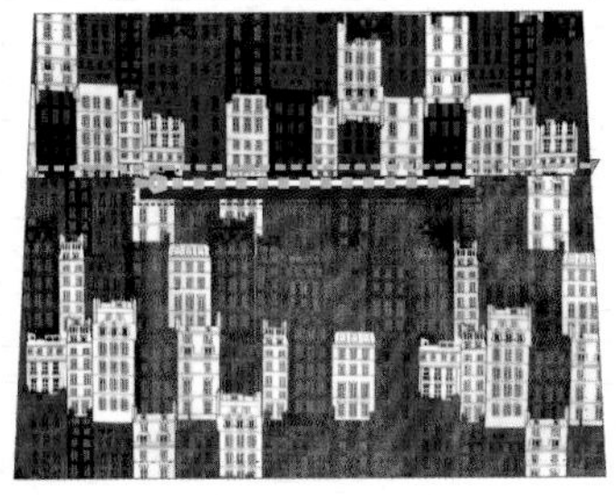

7 後表布B往上翻，縫份倒向上並壓車。

### ❷ 前表布的製作

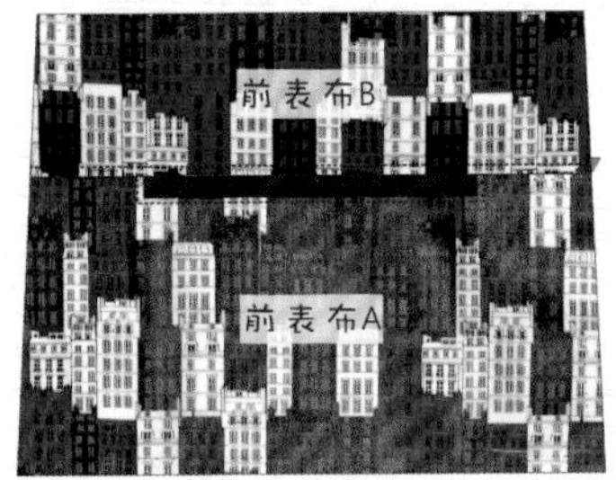


8 參照步驟❶來縫製不加拉鍊的一字口袋。完成前表布一整片。

9 接下來製作前袋蓋。前袋蓋布對折，一邊多出1cm，車縫兩側。

10 翻回正面，兩側壓車臨邊線。

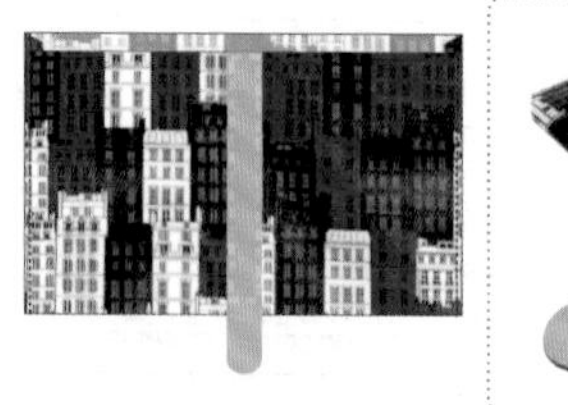
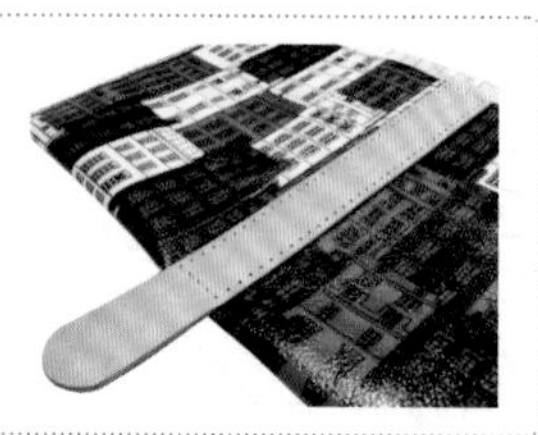

**11** 於袋蓋中央適當位置，車縫固定皮條釦，如圖。

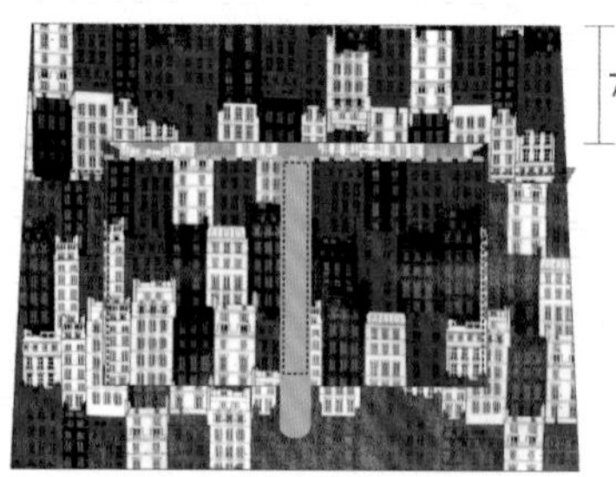


**12** 袋蓋正面朝上，對齊於前表布上邊入7.5cm中央位置，車縫一道直線。

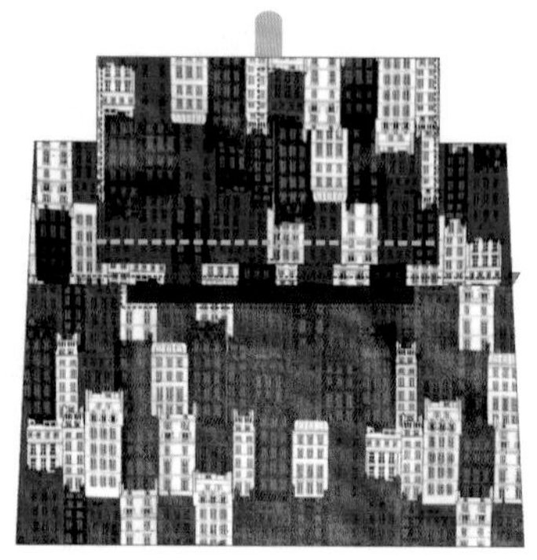

**13** 袋蓋往上翻，壓車一道直線（縫份1.5cm）。

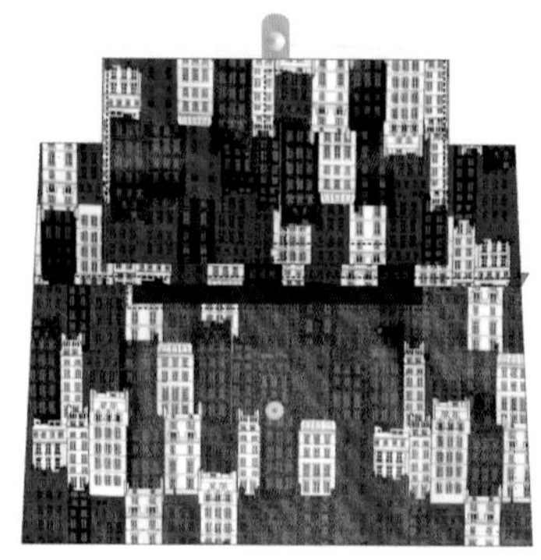

**14** 於皮條釦一端釘上鉚釘補強。另一端釘上撞釘磁釦的公釦以及前表布對應位置釘上撞釘磁釦的母釦。

## ❸表袋身的製作

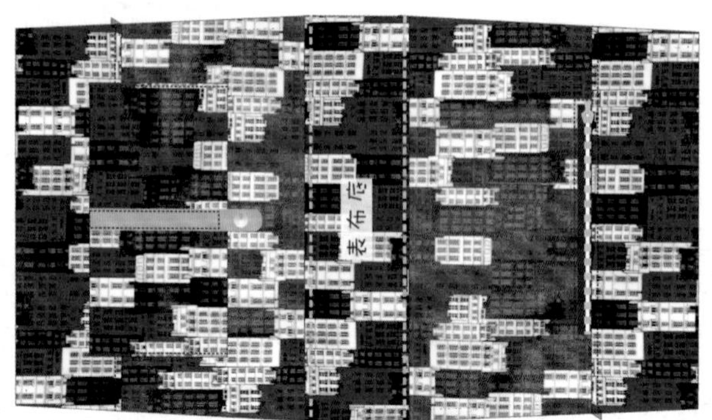


**15** 前表布＋表布底＋後表布接縫成一整片；縫份倒向表布底並壓車。

**16** 準備加厚用布二至三片，重疊對齊，周圍粗縫固定。

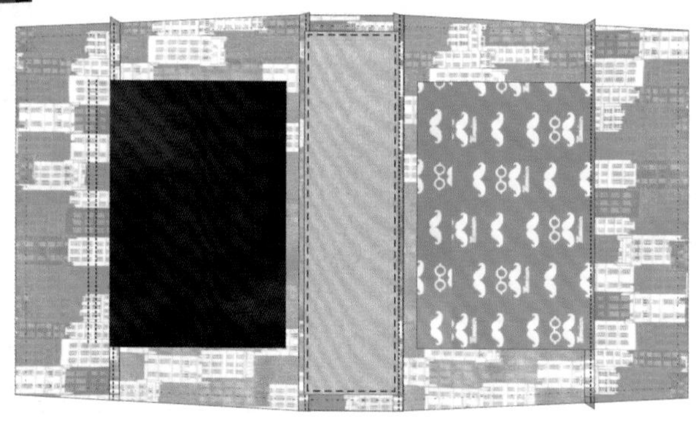

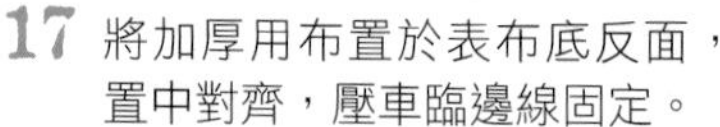

**17** 將加厚用布置於表布底反面，置中對齊，壓車臨邊線固定。

18 於底部裝置三組腳釘。位置為底部中心點一組，以及底部兩端入5.5cm各一組。

19 接下來，一側與側邊表布U形邊正面相對縫合。

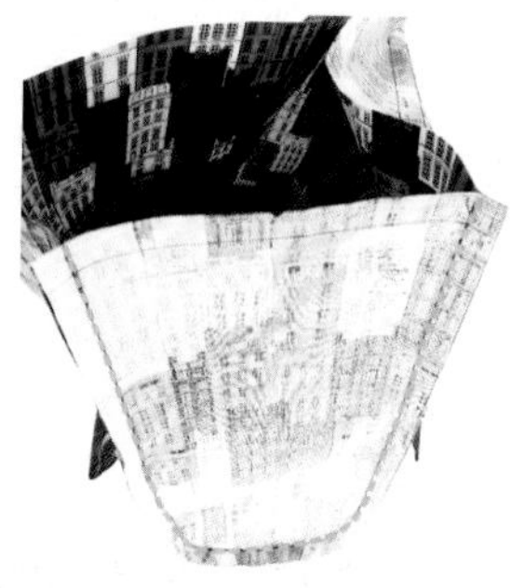

20 另一側與另一片側邊表布U形邊正面相對縫合。

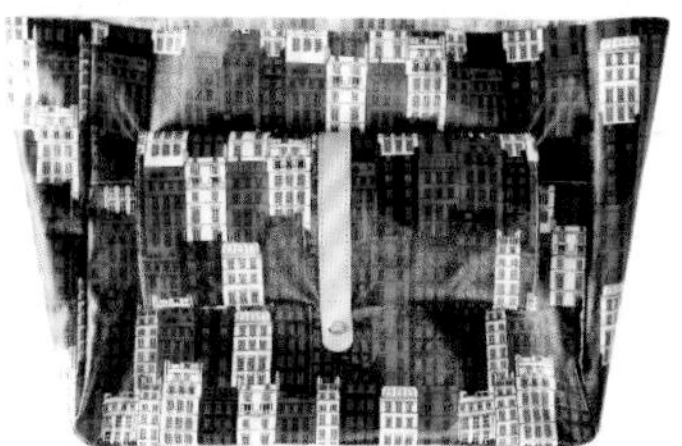

21 全體翻回正面。至此，完成表袋身。

## ❹ 裡袋身的製作

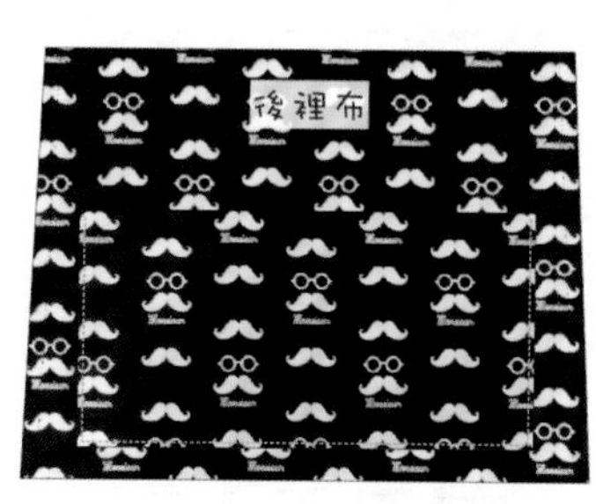


22 前／後裡布依喜好縫製內裡口袋。

23 前裡布＋裡布底＋後裡布接縫成一整片；縫份倒向裡布底並壓車。

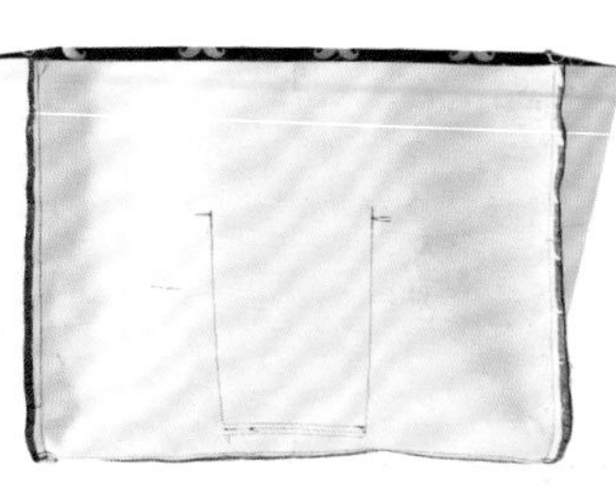

24 然後，兩側分別與側邊裡布U形邊正面相對縫合，作法同步驟❸。至此，完成裡袋身。

## ❺ 拉鍊口布的製作

25 長40cm拉鍊一條，正面朝下，置中對齊於拉鍊口布上邊。

26 然後取長約45cm人字帶，對齊於拉鍊口布上邊，夾車拉鍊，由點車至點。

27 拉鍊和人字帶翻至口布後面，沿拉鍊旁壓車二道直線，由點壓車至點。

28 同法，另取一條人字帶，與另一片口布夾車拉鍊的另一邊並壓車。

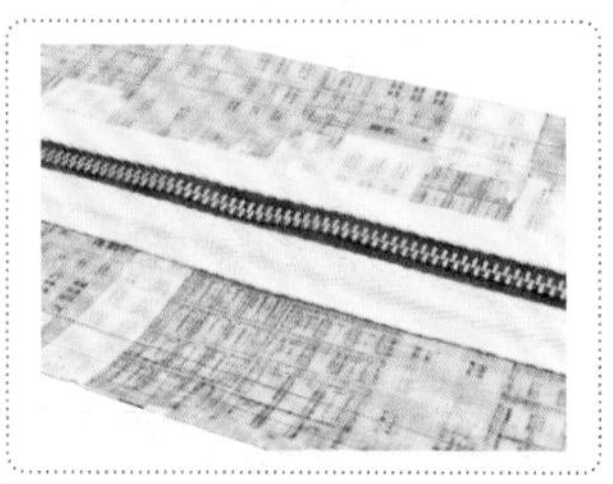

29 前述拉鍊旁壓車二道線，以固定人字帶，並完整覆蓋縫份使縫份不外露。

30 二片口布正面相對對齊，車縫兩側。

31 上邊縫份往下折1cm。完成口布備用。修剪人字帶兩端多餘的部分。

## ❻ 全體的組合

32 裡袋套入表袋，反面相對。注意，裡布上緣對齊表布上緣入1cm處。可使用雙面膠帶暫黏固定。

33 將表布上緣縫份往裡折下1cm，使袋口狀態如圖。

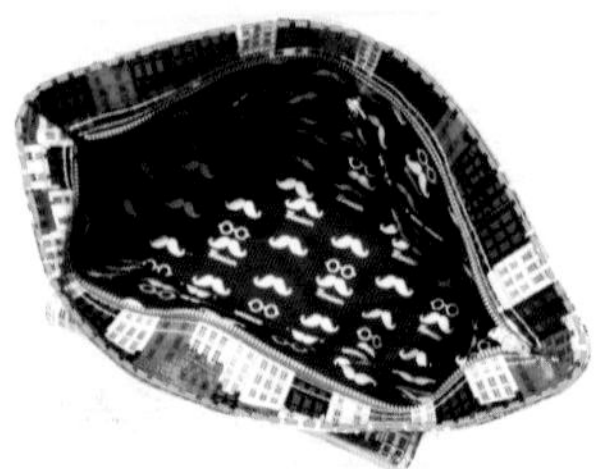

34 將拉鍊口布套入袋口，口布折痕和表布折痕對齊。壓車臨邊線一整圈。

35 於前／後袋口適當位置先固定提把下片。

36 再固定上提把。

37 袋口的拉鍊頭（和後一字拉鍊口袋的拉鍊頭）穿上皮片。完成！

A right bag can make you look complete. How do you know what your handbag horoscope is? Check this out!

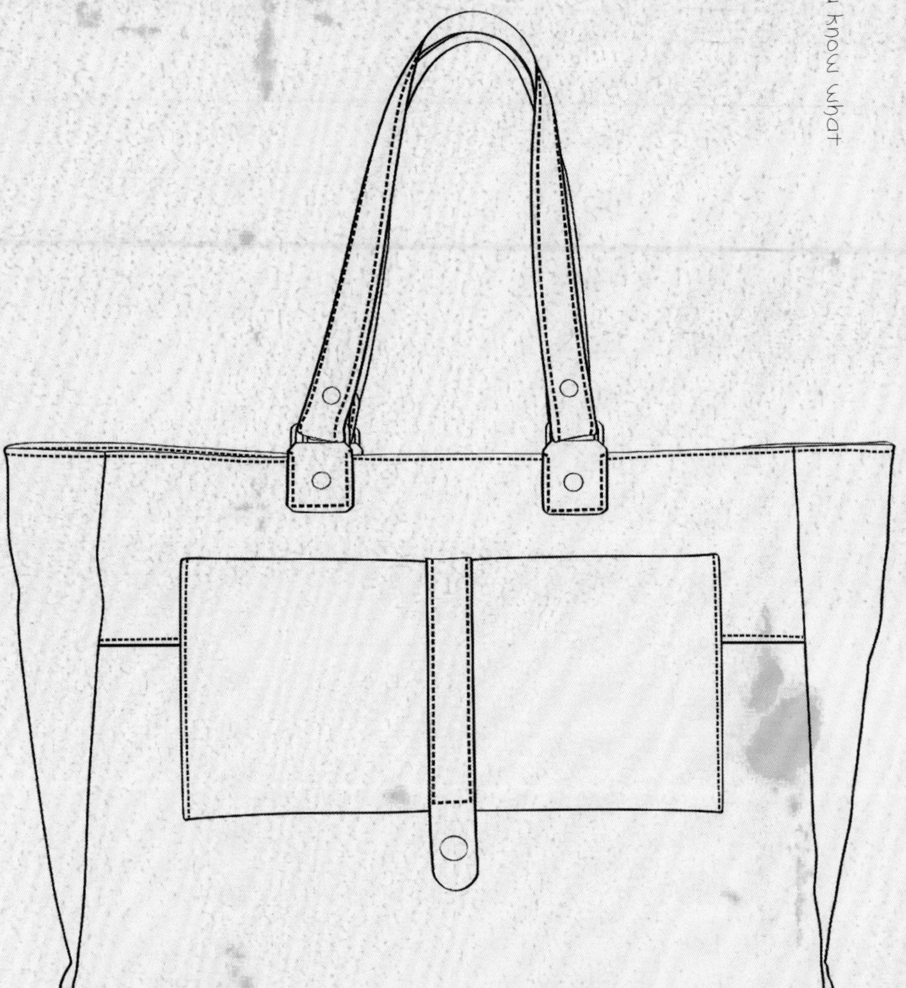

## Red紅色for Aries牡羊座

Red and white is one of the lucky color combinations to Aries,
with red - the deep blood red most definitely the power color.

## Blue藍＋Green綠for Pisces雙魚座

Dreamy Pisces is an elusive one.
Their colors are all about the layers of the deep sea,
indigo, aquamarine, glistening white and green.

## Coffee咖啡 for Scorpio天蝎座

Scorpio is deep and emotionally intense.
They especially like dark colors for their archetype.

## Soft violet 柔紫 for Aquarius 水瓶座

Aquarius love unconventional shades.
Violet has both warm and cool properties, just like Aquarians.

# 典雅風範曲線包

古典的配色散發著沉穩恬靜的名媛氣質，
弧形曲線賦予相得益彰的溫柔意象，
皮革包邊的俐落收尾正如精品訂製般完美。

難易度：⏰⏰⏰⏰⏰
完成尺寸：W44×H32×D14cm

紙型
C面

CURVE SHOULDER BAG

## MATERIALS 材 料 以下裁布示意圖，均以幅寬110cm布料作示範排列

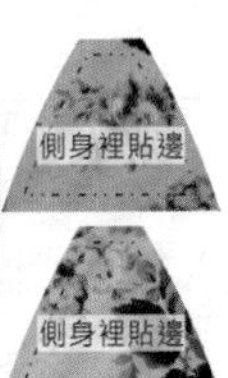


側身表布

**圖案布1**

| | | |
|---|---|---|
| 後表布 | 依紙型裁剪 | 一片 |
| 外口袋布 | 依紙型裁剪 | 一片 |
| 側身表布 | 依紙型裁剪 | 一片 |
| 前裡貼邊 | 依紙型裁剪 | 一片 |
| 後裡貼邊 | 依紙型裁剪 | 一片 |
| 側身裡貼邊 | 依紙型裁剪 | 共二片 |

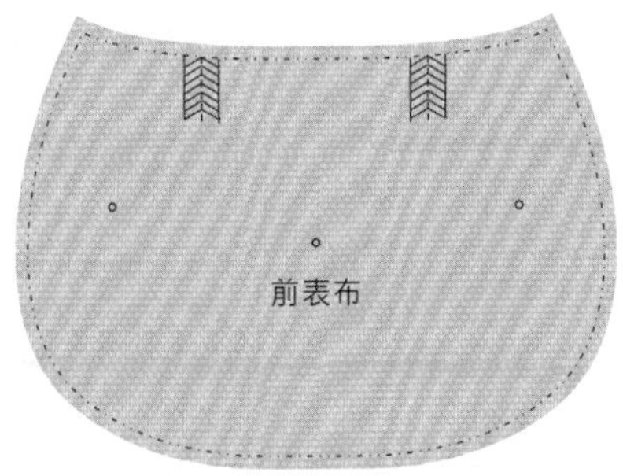


**單色布**

| | | |
|---|---|---|
| 前表布 | 依紙型裁剪 | 一片 |

**圖案布2**

| | | |
|---|---|---|
| 前裡布 | 依紙型裁剪 | 一片 |
| 後裡布 | 依紙型裁剪 | 一片 |
| 側身裡布 | 依紙型裁剪 | 一片 |

**其它副料**

| | |
|---|---|
| 寬3cm皮革布 | 約需長125cm |
| 6×6m/m鉚釘 | 二組 |
| 肩背提把 | 一組（二條） |
| 外口袋皮釦 | 三組 |
| 袋口磁釦皮片 | 一組 |

## INSTRUCTIONS 作 法 除特別指定外，縫份均為1cm

### ❶ 外口袋和前表布的製作

1 外口袋布一片，上邊以皮革布做包邊。

2 外口袋和前表布U形邊對齊，粗縫固定。

3 車縫口袋分隔線。口袋布兩側和前表布先順平，再車縫分隔線。

4 分隔線上端以鉚釘補強固定。

5 前表布上邊依紙型標示車縫內箱形褶。

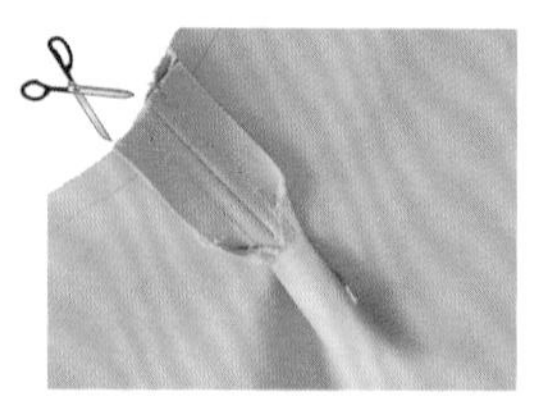

6 剪開褶子的縫份並攤開縫份，如圖。

7 由正面壓車固定縫份。

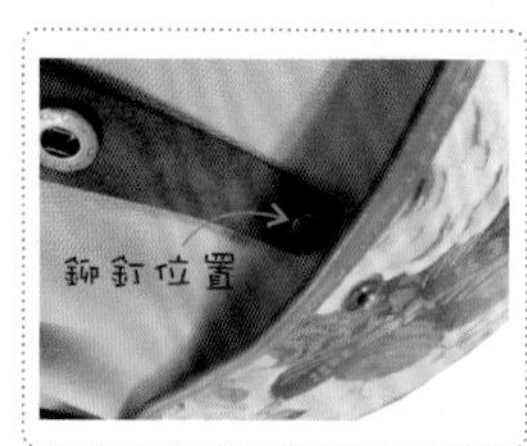


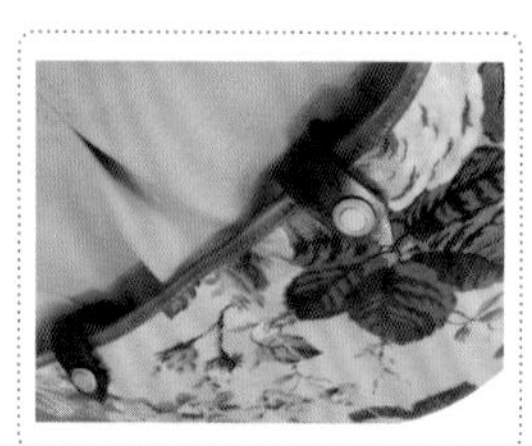

8 固定外口袋的壓釦皮片。先以前表布紙型標示的鉚釘位置為準，再將皮片往下扣合至外口袋上邊中央處，便能取得壓釦公釦的對應位置。

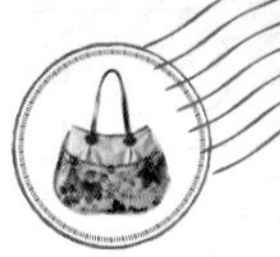

## ❷ 後表布的製作

9 後表布上邊依紙型標示車縫內箱形褶並壓車。

## ❸ 表袋身的製作

10 後表布U形邊和側身表布正面相對縫合。

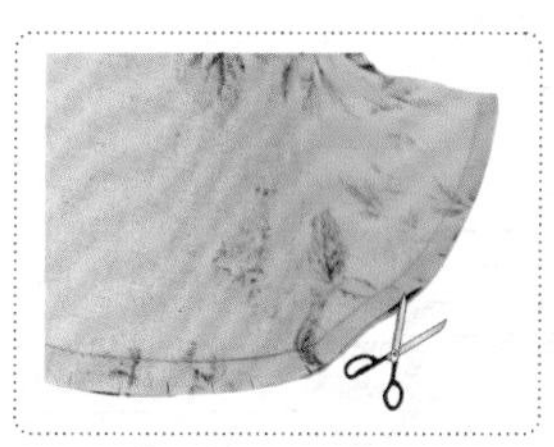

11 圓弧邊的縫份剪牙口。

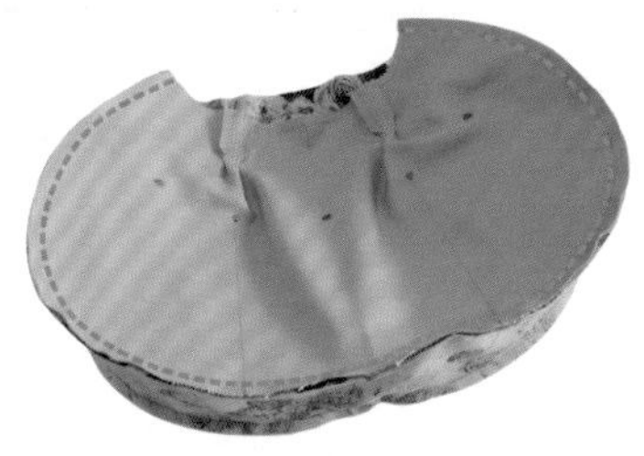

12 前表布U形邊和側身表布正面相對縫合，並剪牙口。

13 翻回正面，完成表袋身。

14 手縫提把。

15 提把縫合的位置，即提把下片的尖端需對齊表布上的褶子中線。

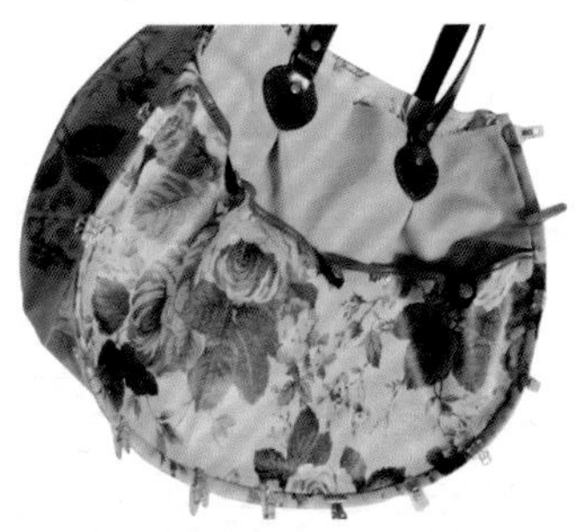

16 抓車袋身U形邊。以正面為例，U形邊抓折，先以夾子固定位。

17 然後，放慢速順著弧度壓車臨邊線，如圖。

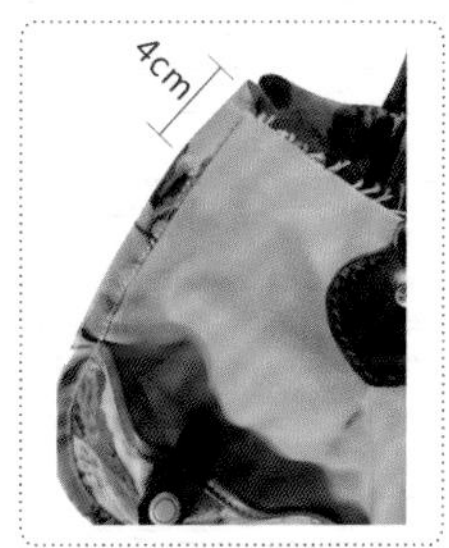

18 注意，兩端距上邊4cm是不抓折壓車的。

19 同法，抓車袋身背面U形邊。

## ❹ 前／後裡布的製作

**20** 前裡布上邊和前裡貼邊正面相對縫合。

**21** 前裡貼邊往上翻，縫份倒向上並壓車。

**22** 同法，後裡布上邊接縫後裡貼邊並壓車。→依喜好縫製內裡口袋。

## ❺ 側身裡布的製作

**23** 二片側身裡貼邊和側身裡布兩端正面相對縫合。

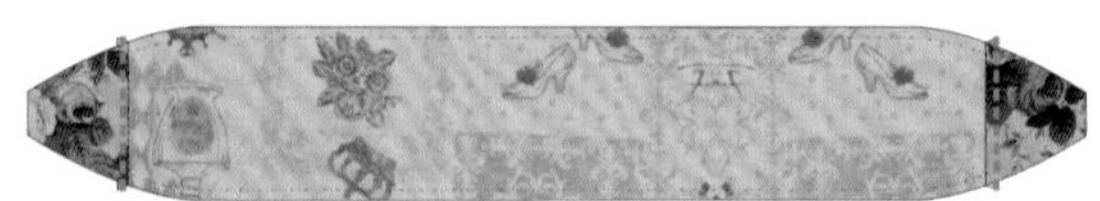

**24** 縫份倒向裡貼邊並壓車，成為側身裡布一整片，如圖。

## ❻ 裡袋身的製作

**25** 前／後裡布U形邊與側身裡布正面相對縫合。

**26** 距上緣入1.5cm中央處裝置磁釦皮片。完成裡袋身。

## ❼ 全體的組合

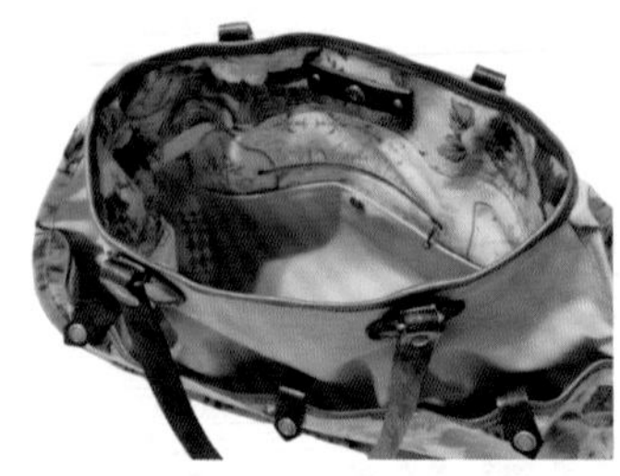

**27** 裡袋套入表袋，反面相對，袋口包邊皮革布。完成！

## LuLu's TIPS 細節技巧

仿皮包邊，建議挑選富彈性的皮革布。視欲進行包邊的布料厚度來決定皮革布的寬度，布料總厚度若不是太厚的情況下，取寬3cm的皮革布即可。

1 以寬3cm的皮革布條作滾邊。皮革布條正面朝下，布條和布料邊對齊邊，車縫縫份約0.7～1cm。

2 車縫弧度邊時放慢速度並留鬆份，鬆份狀態如圖圓框內所示。

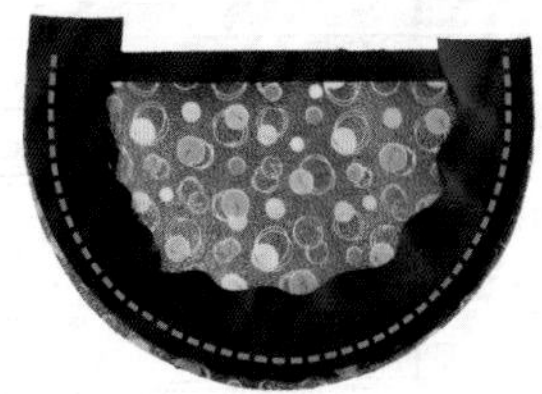

3 車縫完成如圖。

4 翻至背面，沿著車縫線外貼上工藝用雙面膠帶。

5 將皮革布條往背面折，與雙面膠帶暫時黏固定。

※利用皮革布的彈性，輕輕拉動，使布條能夠平順包覆布料的縫份，勿過度拉扯以免布料或皮革布扭曲變形。皮革布若形成小皺褶為正常現象，稍後進行壓車時多留意，可減少皺褶情況。

6 翻至正面，如圖壓車臨邊線。針目調大至3.5（依個人縫紉機設定調整適當針目）。

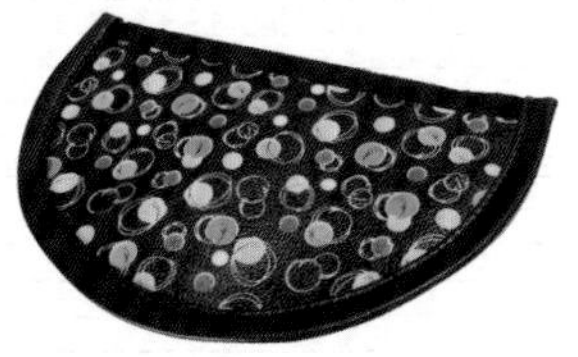

7 示範以#14皮革車針進行此步驟的壓車，搭配皮革車線或較粗的車縫線。

8 翻至背面。如有需要，可修剪車縫線外的皮革布使之平均。

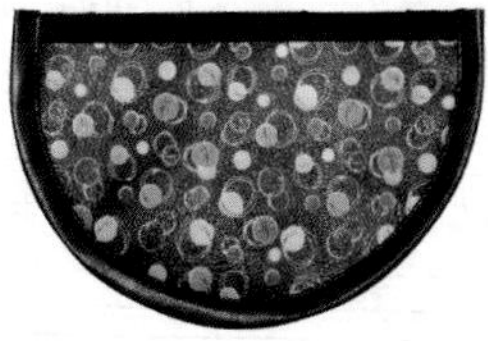

9 此法完成的類滾邊包邊縫，既美觀又牢固，製成品也更精緻。

### Muted beige米色 for Virgo處女座

The earth tones of green, yellow, muted beige, and mushroom hues suit Virgos. Keep in mind to invest in a few handbags of these colors.

### Brick red磚色 for Aries牡羊座

Aries is the ruler of the colors in red - crimson, scarlet, tomato red and even brick red.

## Cocoa brown 可可亞棕 for Capricorn 摩羯座

Capricorns need rigid, steady and reliable hues. This cocoa brown shoulder bag should appeal to most Capricorns due to its comfortable and functional.

## Tangerine 橘色 for Leo 獅子座

Leo, the Sun king, has its best correspondence in deep shades of orange. Most Leos can carry wary or burnt orange well.

# 自由隨行郵差包

容量絕不辜負期待的郵差包，
便於取物的兩側口袋形成良好的對稱性，
內袋多隔間的設定除了能妥善收放書或平板外，
也能讓袋身筆挺。
靜靜佇立一旁的穩重包款，
一時間彷彿回到總是有書包陪伴的青春時代。

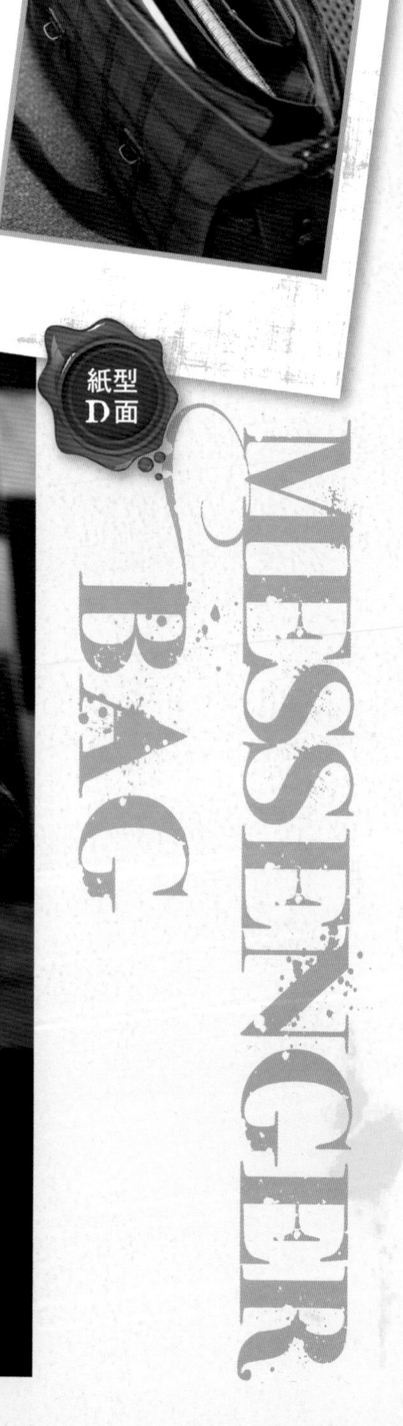

難易度：⏰⏰⏰⏰⏰
完成尺寸：W32×H26×D14cm

## MATERIALS 材 料 以下裁布示意圖，均以幅寬110cm布料作示範排列

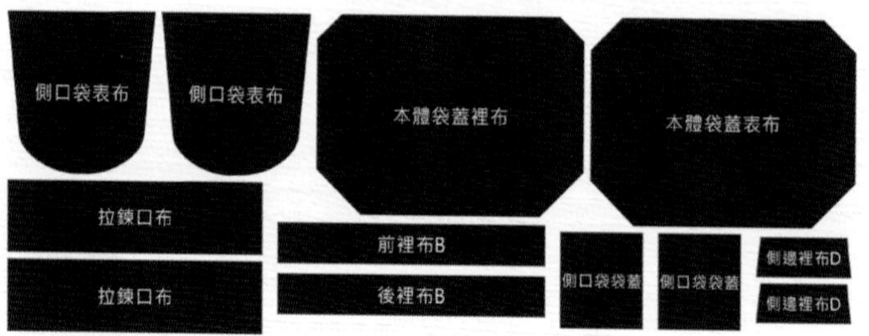


**單色布1**

| | | |
|---|---|---|
| 側口袋表布 | 依紙型裁剪 | 共二片 |
| 側口袋袋蓋 | 裁10.5×12cm（含縫份） | 共二片 |
| 前裡布B | 裁34×5cm（含縫份） | 一片 |
| 後裡布B | 裁34×5cm（含縫份） | 一片 |
| 側邊裡布D | 依紙型裁剪 | 共二片 |
| 拉鍊口布 | 裁33×9cm（含縫份） | 共二片 |
| 本體袋蓋表布 | 依紙型裁剪 | 一片 |
| 本體袋蓋裡布 | 依紙型裁剪 | 一片（上邊不留縫份） |

**格紋布**

| | | |
|---|---|---|
| 前表布 | 裁34×32cm（含縫份） | 一片 |
| 後表布 | 裁34×32cm（含縫份） | 一片 |
| 側邊表布 | 依紙型裁剪 | 共二片 |

裡布底

**單色布2**

| | | |
|---|---|---|
| 前裡布A | 裁34×22cm（含縫份） | 一片 |
| 後裡布A | 裁34×22cm（含縫份） | 一片 |
| 側邊裡布C | 依紙型裁剪 | 共二片 |
| 裡布底 | 裁34×16cm（含縫份） | 一片 |

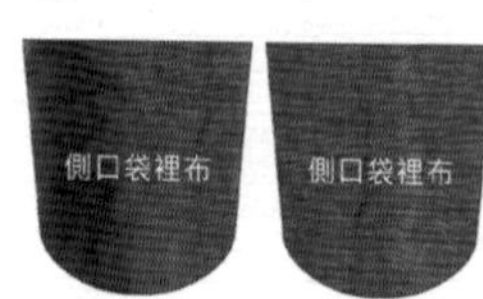


**單色布3**

| | | |
|---|---|---|
| 內裡大口袋 | 裁30×23cm（含縫份） | 一片 |

**單色布4**

| | | |
|---|---|---|
| 側口袋裡布 | 依紙型裁剪 | 共二片 |

**其它副料**

| | | | |
|---|---|---|---|
| 長35cm拉鍊 | 一條 | 書包釦皮片 | 二組 |
| 壓釦皮片 | 二組 | D型環側邊皮片 | 二組 |
| 短持手 | 一條 | 斜背帶 | 一組 |

## INSTRUCTIONS 作 法 除特別指定外，縫份均為1cm

### ❶ 側邊裡布的製作

1 側邊裡布C上邊和側邊裡布D正面相對縫合。

2 D往上翻，縫份倒向上並壓車。

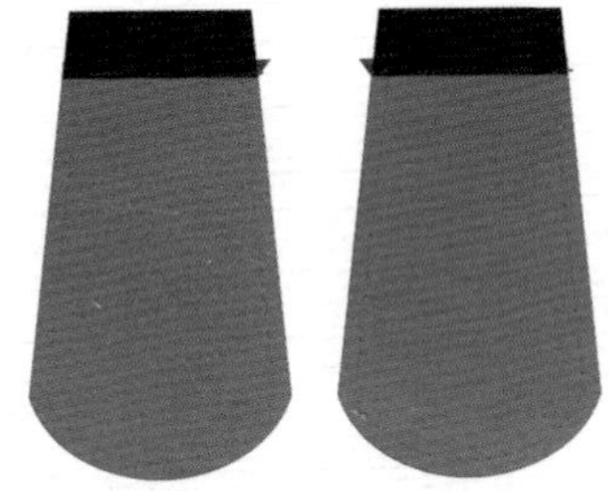

3 共需完成二組側邊裡布。

### ❷ 拉鍊口布的製作

拉鍊口布(反面)

4 拉鍊口布對折（一長邊多出1cm），車縫兩端。

5 翻回正面，共需完成兩片拉鍊口布。

6 長35cm拉鍊一條，先折入處理拉鍊頭端。然後與拉鍊口布車縫固定，如圖。

### ❸ 裡袋身的製作

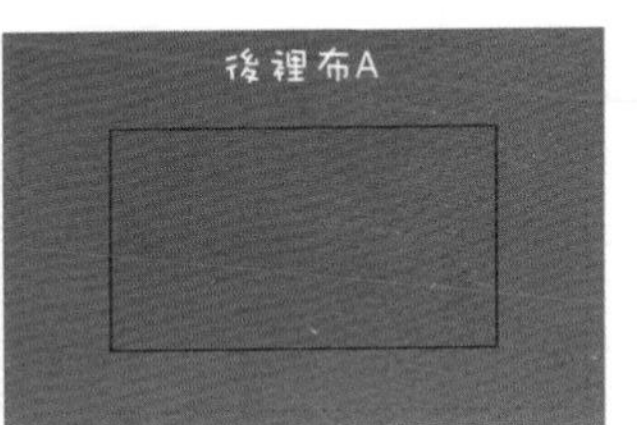


7 前／後裡布A依喜好縫製內裡口袋。

8 裁剪大口袋布一片。兩側折入0.7cm，上邊折入1cm。以骨筆壓折折痕或以槌子輕敲折痕成形。

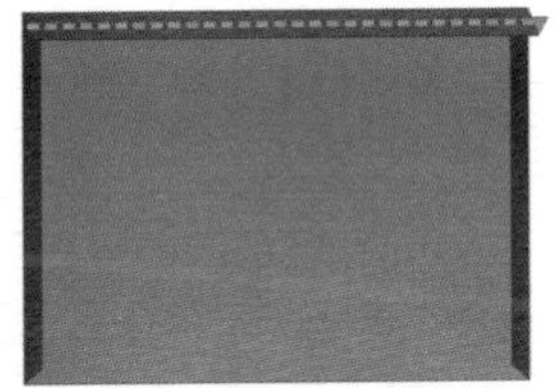

9 上邊再往下折1.5cm，壓車一道直線。

10 可於大口袋布上縫製一片小口袋。小口袋尺寸自訂，同大口袋作法，先處理小口袋ㄇ形邊。

11 然後，小口袋布正面朝下，車縫於大口袋布中央適當位置（縫份0.5cm），如圖。

12 小口袋布往上翻，ㄩ形邊車縫二道直線，縫份便可藏入不外露。

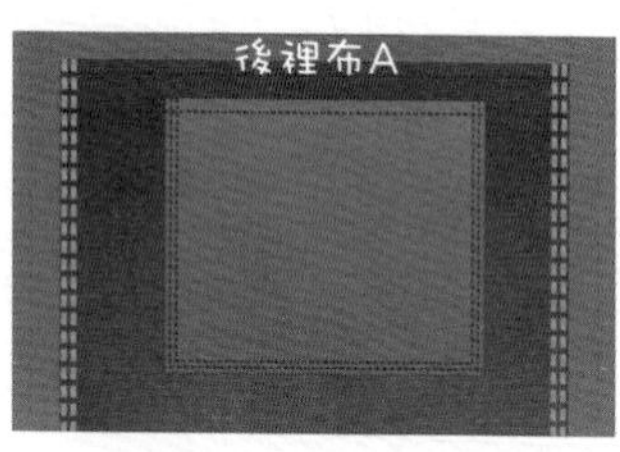


13 接下來，大口袋與後裡布A下邊對齊。分別車縫大口袋兩側二道直線。

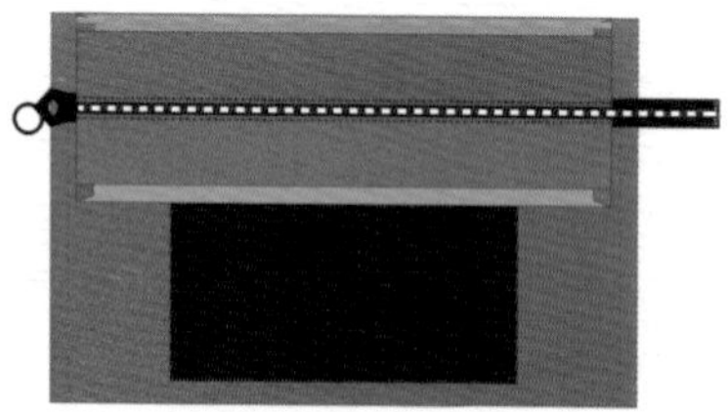

14 拉鍊口布正面朝上，粗縫於前裡布A上邊中央位置。

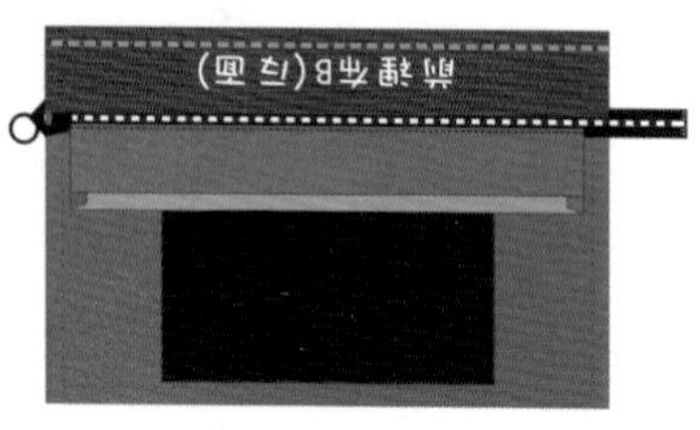


15 然後，上邊接縫前裡布B。

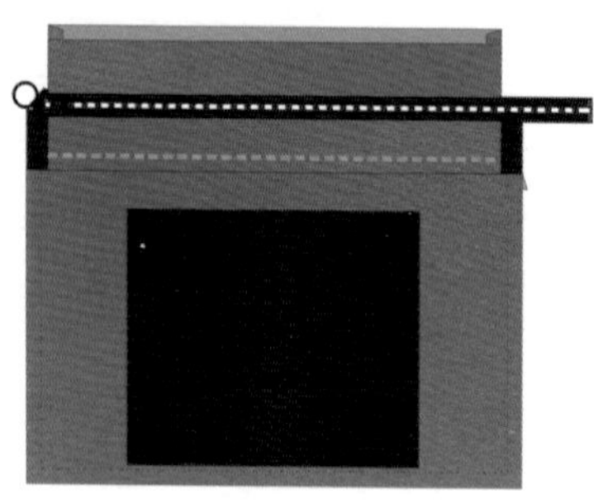

16 前裡布B和拉鍊口布往上翻，縫份倒向下；於拉鍊口布上壓車一道直線。

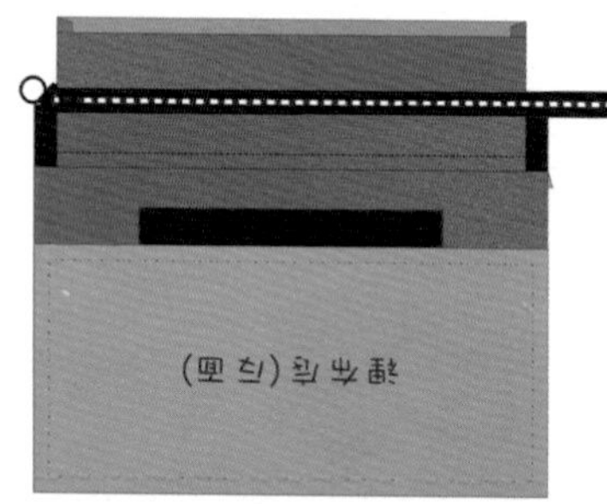


17 下邊和裡布底正面相對縫合。

18 裡布底往下翻，縫份倒向裡布底並壓車。

19 下邊與後裡布A正面相對縫合。

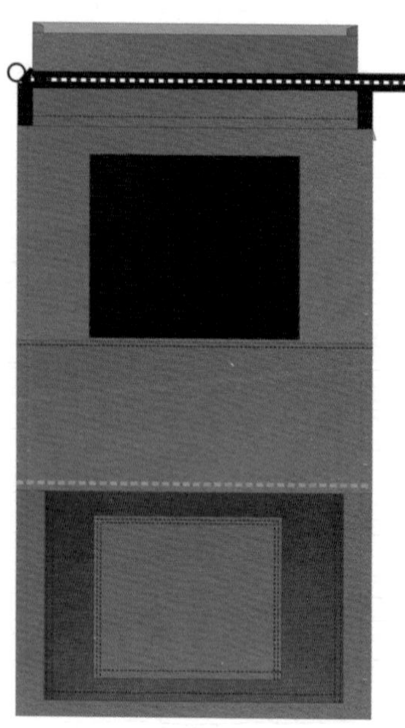

20 後裡布A往下翻，縫份倒向裡布底並壓車。

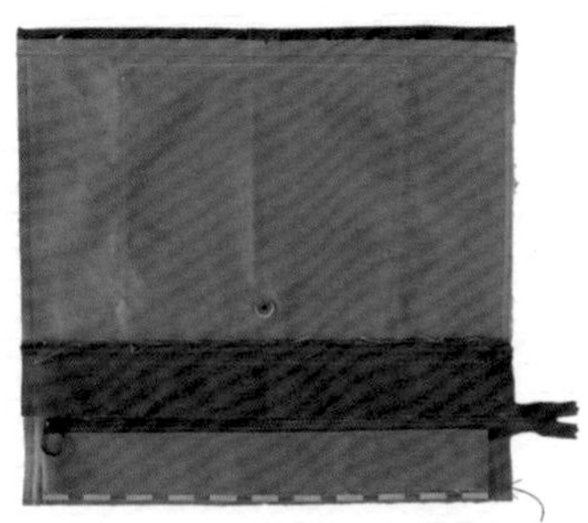


21 將拉鍊口布那一邊拉至與後裡布A上邊齊，注意置中，粗縫固定。

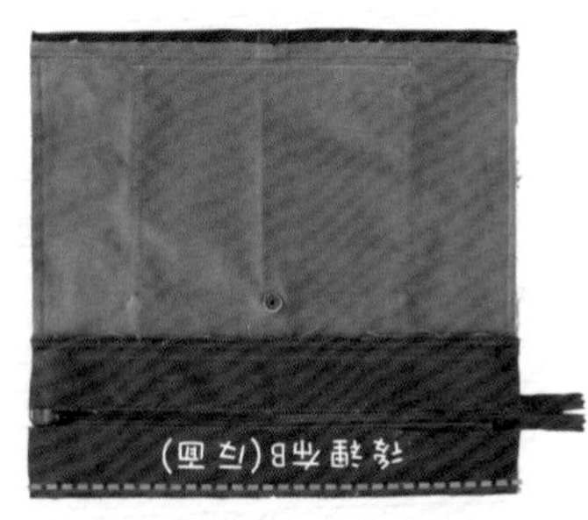

22 同法，後裡布A上邊和後裡布B夾車拉鍊口布。

23 同法，後裡布B和拉鍊口布往上翻成正面，於拉鍊口布上壓車一道直線。

24 兩側分別與步驟❶正面相對縫合。

25 至此，完成裡袋身。

## ❹ 側口袋的製作

26 側口袋表裡布正面相對上邊縫合。

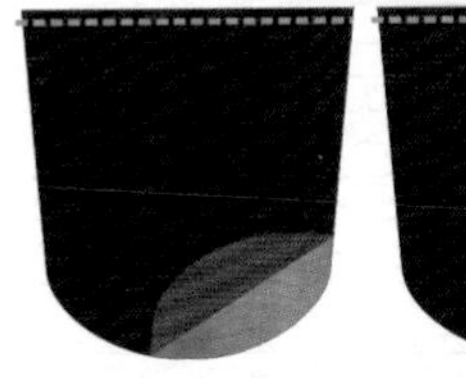

27 翻回正面，上邊壓車一道直線；U形邊粗縫固定。共需完成二組側口袋。

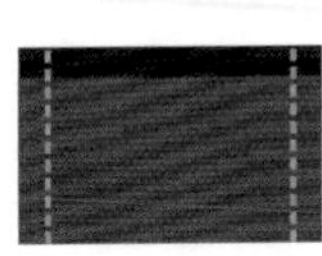

28 側口袋袋蓋布對折（一邊多出1cm），車縫兩側。

29 翻回正面，U形邊壓車臨邊緣。共需完成二片袋蓋。

## ❺ 側邊表布的製作

30 側口袋袋蓋正面朝上，車縫固定於側邊表布中央適當位置。

31 袋蓋往上翻，壓車一道直線。同法，另一片袋蓋和側邊表布車縫固定。如圖。

32 側口袋粗縫固定於側邊表布U形邊。

33 於適當位置裝置壓釦皮片。

## ❻ 本體袋蓋的製作

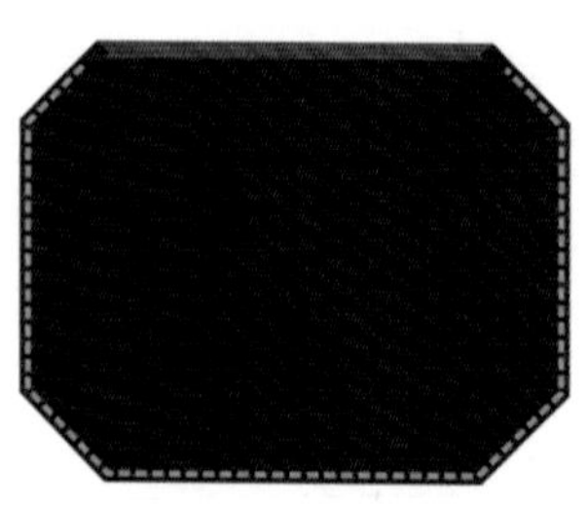

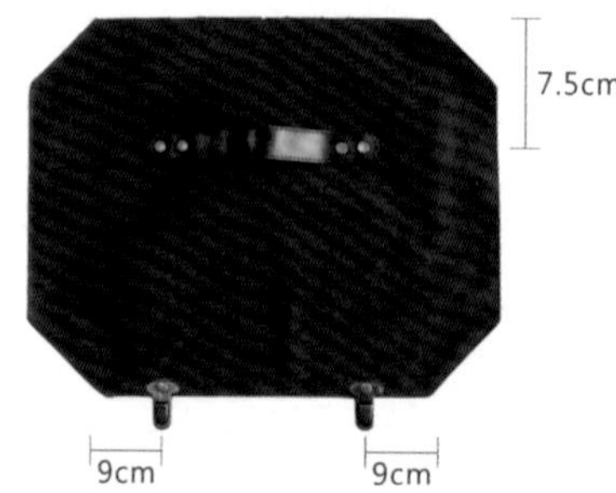


34 本體袋蓋表裡布正面相對，ㄩ形邊對齊縫合。

35 由上邊開口翻回正面，ㄩ形邊壓車臨邊線。

36 於適當位置釘上書包釦插釦以及短持手。

## ❼ 前表布的製作

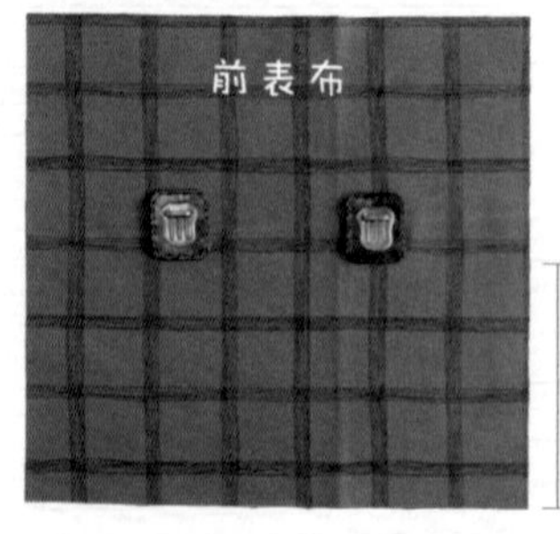


37 於前表布適當位置縫上書包釦下片皮片，需留意對應本體袋蓋插釦位置。

## ❽ 後表布的製作

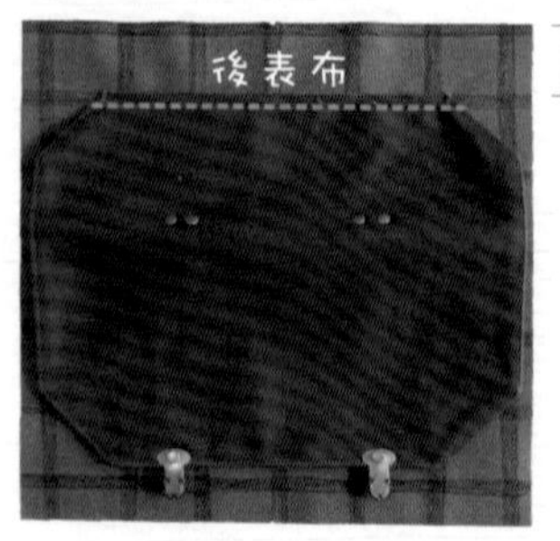

38 本體袋蓋正面朝下，車縫於後表布適當位置，注意置中。

39 袋蓋往上翻，壓車二道直線，如圖。

## ❾ 表袋身的製作

40 前後表布正面相對下邊縫合。

41 縫份攤開並壓車。成為表布一整片。

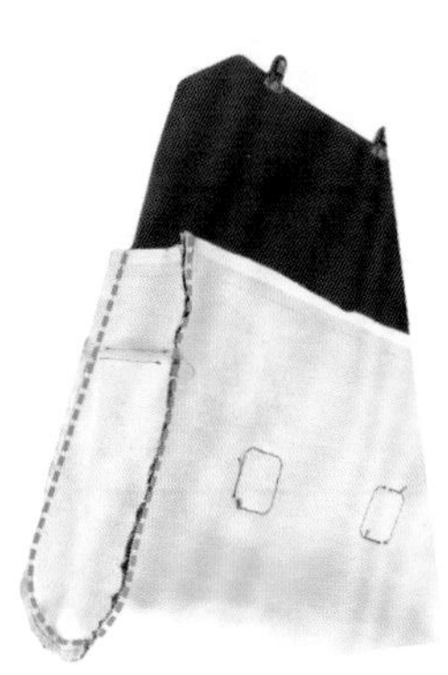

42 兩側分別與步驟❺縫合。

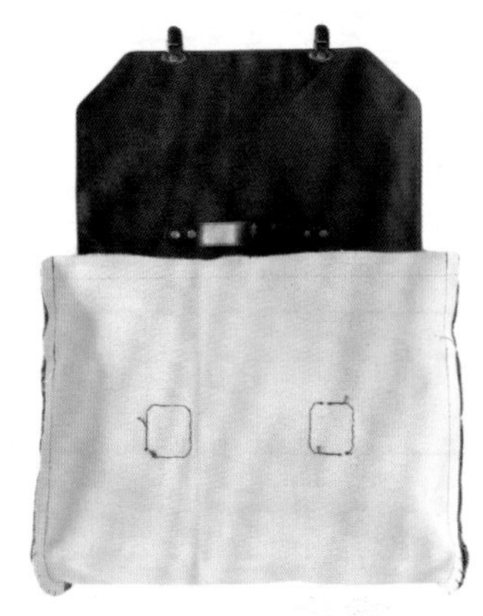

43 至此，完成表袋身。

## ❿ 全體的組合

44 表／裡袋上邊的縫份分別往裡折入。

45 裡袋套入表袋，反面相對；上邊對齊，壓車臨邊線一整圈。

46 袋口兩側釘上D型環側邊皮片，可勾上斜背帶。完成！

## Olive Green橄欖綠for Taurus金牛座

Any kind of green or earth tones in Taurus handbag will work wonders for them.

## Brown棕褐for Capricorn魔羯座

A Capricorn never, ever gives up. Brown, dark green and black colors will help them to be firm and in control of the situation.

## Black黑色for Scorpio天蠍座

Scorpio has a dark, mysterious sex appeal. They will find the best handbags in black.

## Blue藍色for Aquarius水瓶座

Aquarius people will benefit from all shades of blue, grey and silver colors.

# 兩用反折包

不只是出色亮麗的外觀配色，更可依內容物尺寸改變高度、
擴充容量，簡練的線條很適合做為公事包使用。
別緻的前口袋對稱設計，多一點新鮮創意，
多一點使用靈活的可能性。

紙型 C面

FOLD OVER BAG

難易度：⏰⏰⏰
完成尺寸：W40×H30×D11cm

## MATERIALS 材 料 以下裁布示意圖，均以幅寬110cm布料作示範排列

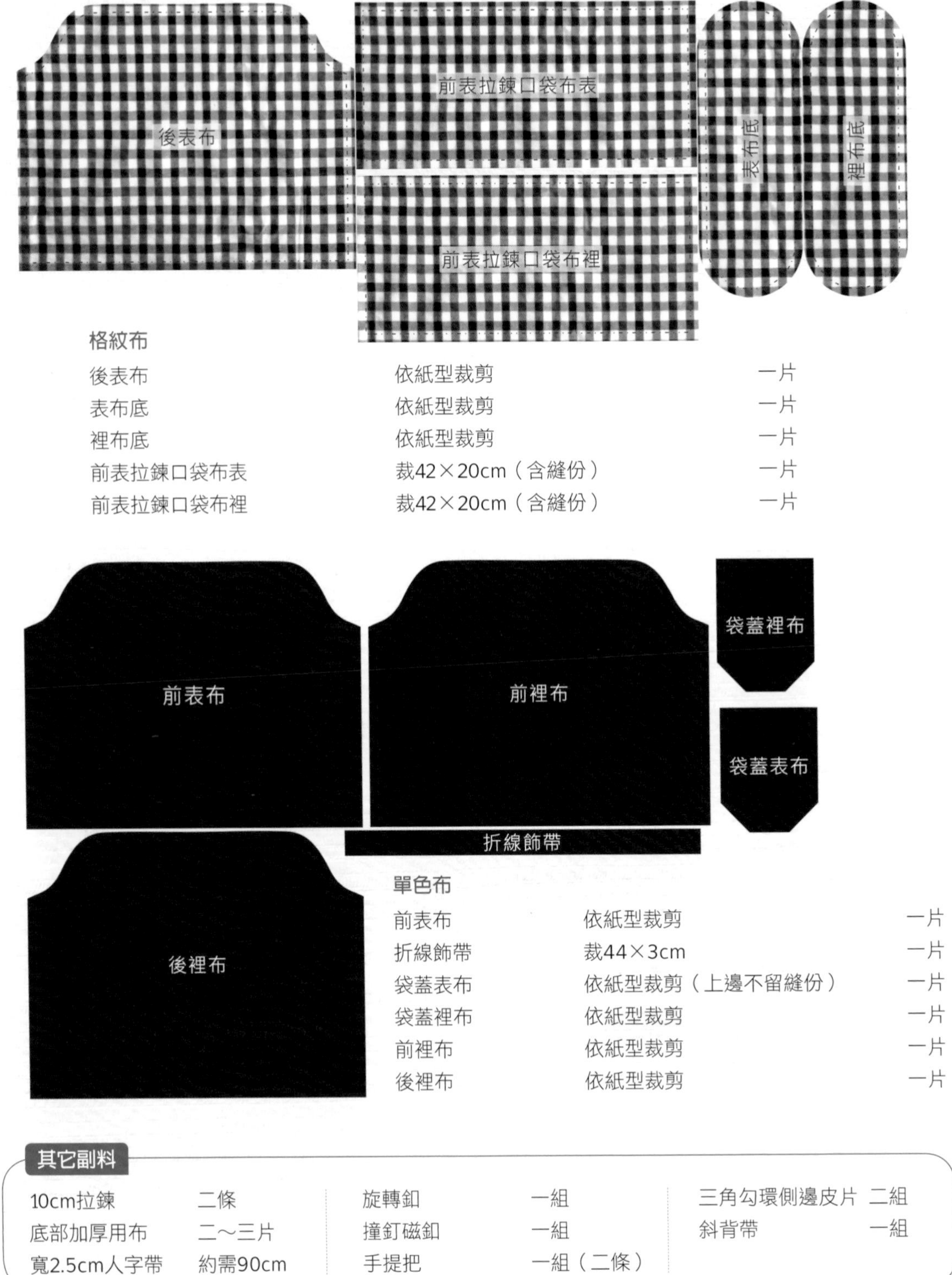


**格紋布**

| | | |
|---|---|---|
| 後表布 | 依紙型裁剪 | 一片 |
| 表布底 | 依紙型裁剪 | 一片 |
| 裡布底 | 依紙型裁剪 | 一片 |
| 前表拉鍊口袋布表 | 裁42×20cm（含縫份） | 一片 |
| 前表拉鍊口袋布裡 | 裁42×20cm（含縫份） | 一片 |

**單色布**

| | | |
|---|---|---|
| 前表布 | 依紙型裁剪 | 一片 |
| 折線飾帶 | 裁44×3cm | 一片 |
| 袋蓋表布 | 依紙型裁剪（上邊不留縫份） | 一片 |
| 袋蓋裡布 | 依紙型裁剪 | 一片 |
| 前裡布 | 依紙型裁剪 | 一片 |
| 後裡布 | 依紙型裁剪 | 一片 |

**其它副料**

| | | | | | |
|---|---|---|---|---|---|
| 10cm拉鍊 | 二條 | 旋轉釦 | 一組 | 三角勾環側邊皮片 | 二組 |
| 底部加厚用布 | 二～三片 | 撞釘磁釦 | 一組 | 斜背帶 | 一組 |
| 寬2.5cm人字帶 | 約需90cm | 手提把 | 一組（二條） | | |

## INSTRUCTIONS 作 法 除特別指定外，縫份均為1cm

### ❶ 前表拉鍊口袋的製作

1 搭配使用長10cm拉鍊二條，首先先處理拉鍊頭尾端。以拉鍊頭端為例，如圖先反折。

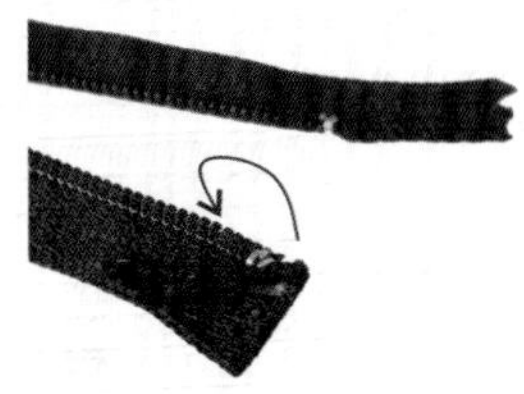

2 再對角折。可以布用雙面膠帶暫時黏固定。

3 兩邊處理完成即如圖。

4 同法，拉鍊尾端也需折好。

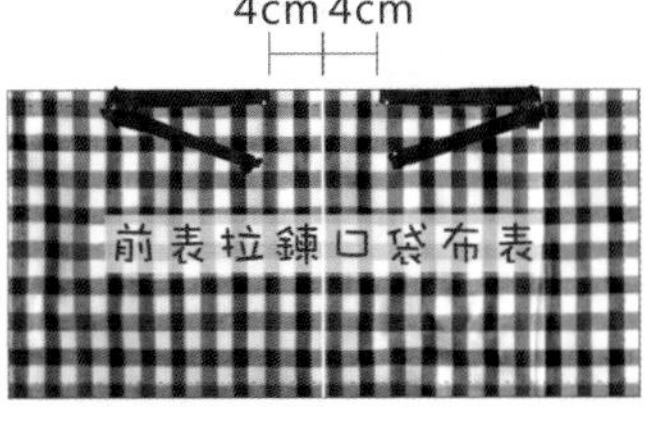


5 拉鍊正面朝下，對齊於口袋表布上邊。拉鍊頭端距口袋表布中線約4cm。

6 口袋裡布正面朝下，與口袋表布上邊對齊，夾車拉鍊。

7 裡布翻至表布背面，拉鍊旁壓車二道臨邊線。

### ❷ 前表布的製作

8 前表拉鍊口袋正面朝下，對齊前表布置中指定位置，如圖車縫固定拉鍊。※分別車縫二道線以增加牢固度。

9 口袋布往下翻，⊔形邊粗縫固定；並車上口袋中央分隔線。

10 在距下緣11cm中央位置先裝上旋轉釦底座。

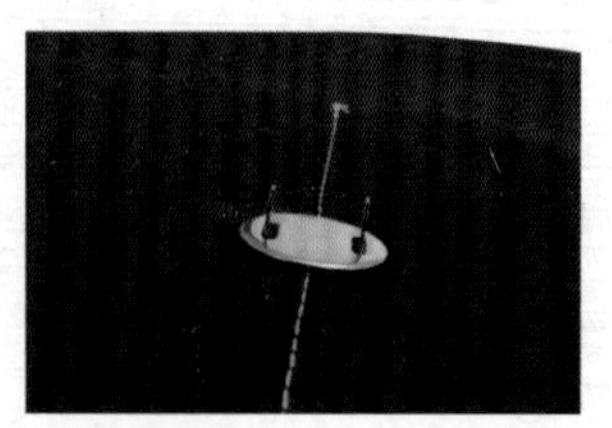

**11** 背面需套上墊片。

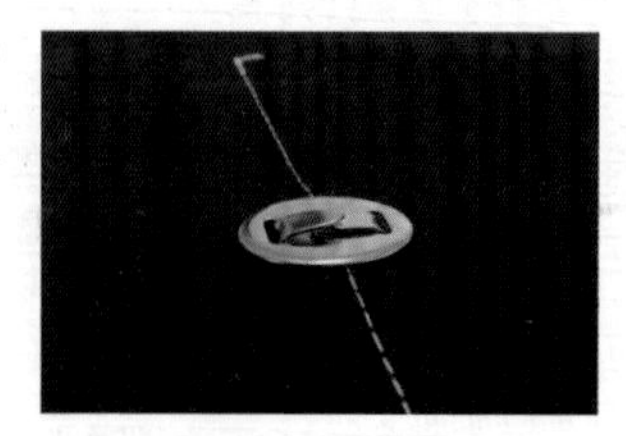

**12** 使用尖嘴鉗，將插腳往內折好壓緊。

**13** 至此，完成前表布的製作。

## ❸ 後表布的製作

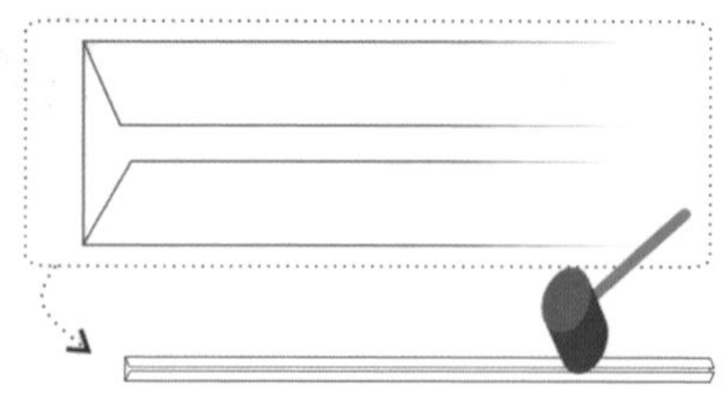

**14** 準備折線飾帶。飾帶兩長邊往中線折入。以骨筆壓折或以槌子敲折使折痕成形。

**15** 將飾帶車縫固定於後表布適當位置。修剪飾帶多餘的部分。

## ❹ 袋蓋的製作

**16** 袋蓋表／裡布正面相對，U形邊對齊縫合。

**17** 由上邊開口翻回正面，U形邊壓車臨邊線。

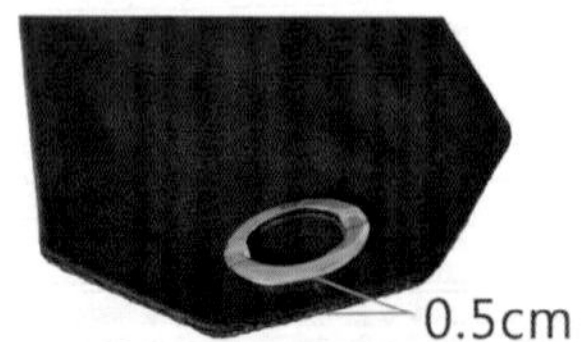


**18** 於袋蓋下緣適當位置描出旋轉釦上蓋的內圈。

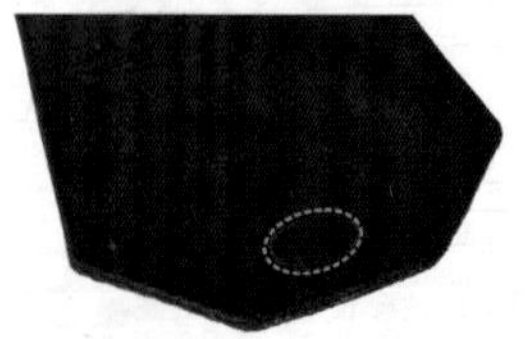

**19** 沿著描繪線外圍車縫一圈。

**20** 剪下內圈形成一洞口，注意不可剪到縫線。

**21** 將旋轉釦上蓋插入洞口內。

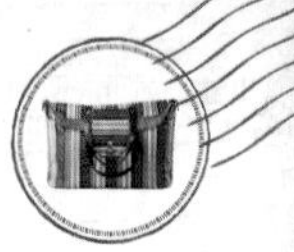

## ⑤ 本體表布的製作

22 背面再套上墊片，使用尖嘴鉗將插腳往外折好壓緊。

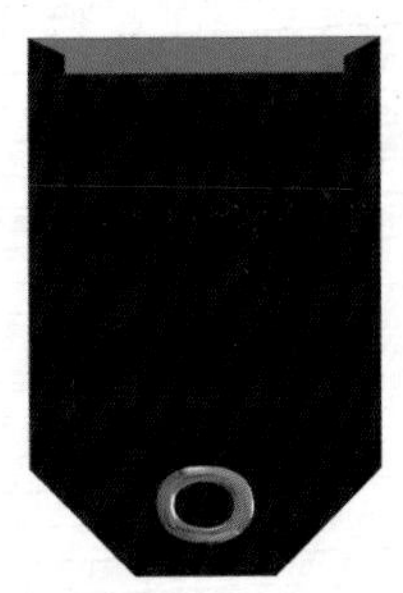

23 袋蓋完成如圖。

24 前／後表布正面相對，車縫兩側。

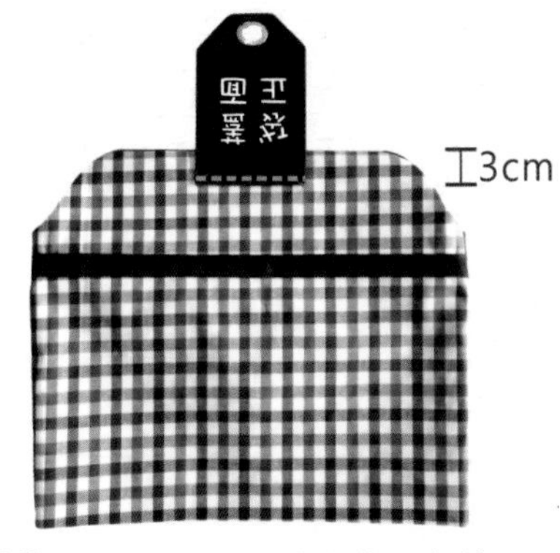


25 翻回正面。車縫袋蓋固定於後表布上邊中央指定位置（車縫縫份約0.5cm）。

26 袋蓋往下翻，壓車一道直線。

## ⑥ 本體裡布的製作

27 前裡布依喜好縫製內裡口袋。

28 後裡布依喜好縫製內裡口袋。

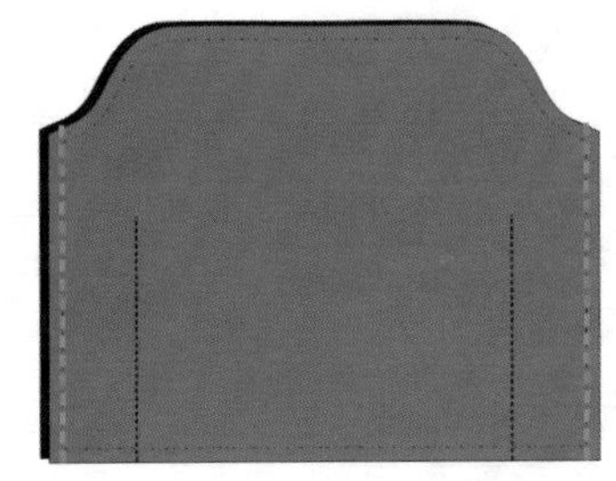

29 前／後裡布正面相對，車縫兩側。

## ⑦ 底布的製作

底部加厚用布的裁剪，以不含縫份的底部紙型尺寸往內縮約0.5cm。

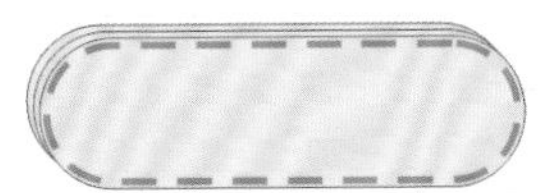

30 底部加厚用布二至三片，重疊對齊，周圍粗縫固定。

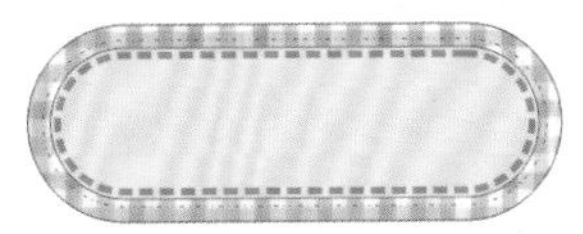

31 將加厚用布置於表布底反面，壓車臨邊線固定。

32 表布底和裡布底反面相對，周圍粗縫固定。

## ❽全體的組合

33 本體裡布套入本體表布內，正面相對，上邊縫合。

34 弧度邊的縫份先剪牙口，再翻回正面，上邊壓車臨邊線。

35 下邊粗縫固定。

36 然後與步驟❼的底部正面相對縫合。

37 縫份則以人字帶包覆縫合。

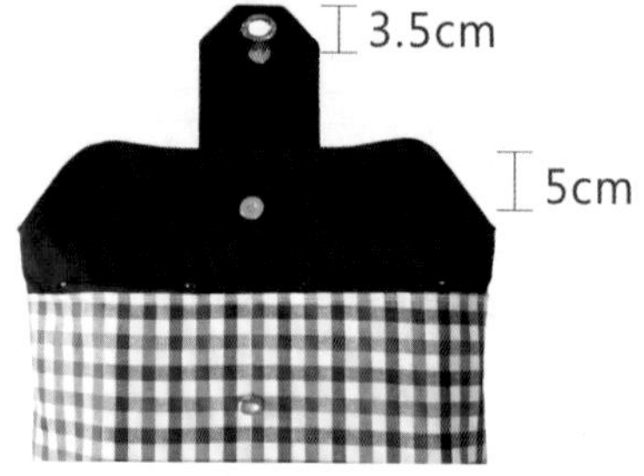


38 全體翻回正面。於袋蓋和袋口對應位置釘上撞釘磁釦。

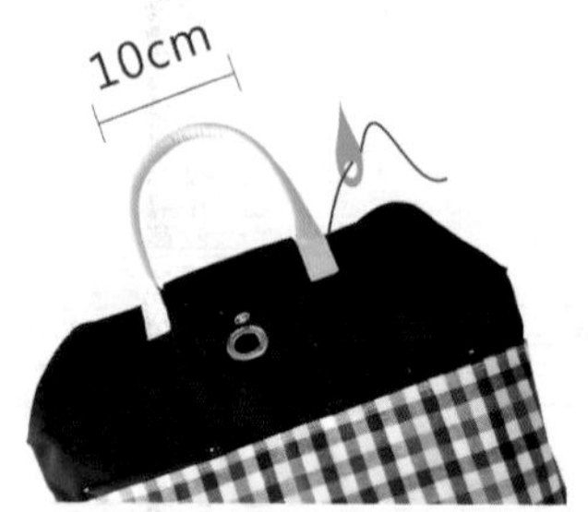


39 縫上手提把，提把間距約10cm。袋口兩側可裝置三角勾環側邊皮片，勾上斜背帶。完成！

A right bag can make you look complete. How do you know what your handbag horoscope is? Check this out!

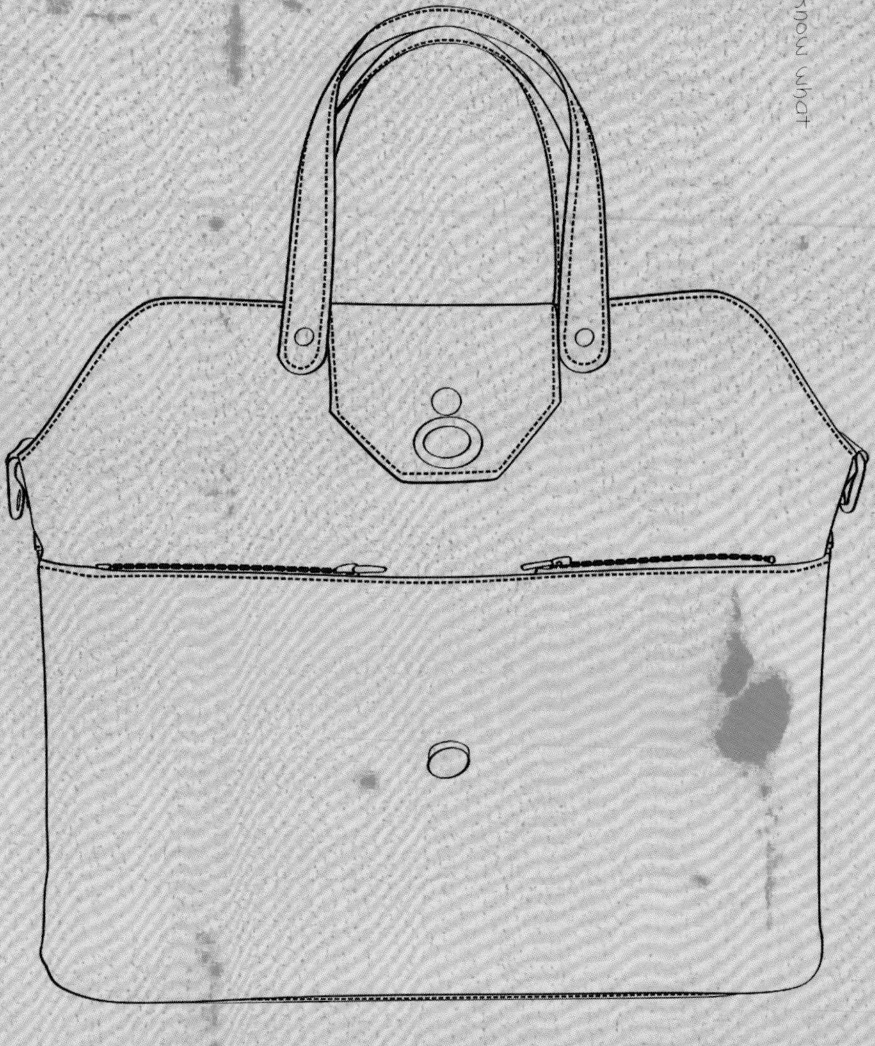

## Purple 紫 for Pisces 雙魚座

By sticking with lilac, lavender, and purple colors, Pisceans can enhance their chances of luck in life.

## Forest Green 森林綠 for Cancer 巨蟹座

Advantageous colors are forest green and canary yellow. These colors keep sensitive and caring Cancers at their best.

## Blue 藍 for Libra 天秤座

Blue is apt for Librans. White and black also suit them. These colors help to create the harmony they crave.

## Ruby red 寶石紅 for Leo 獅子座

Leos can carry warm or burnt orange well. And wear something in ruby red may also have affinity with them.

# 骨氣醫生包

正面及側面的高低差設計，
提供主袋口拉鍊良好運作的空間，
隱身的口金由內而外支撐著整體的穩重型態。
透過不同的玩色變化，是可正式也可休閒的好搭包款。

紙型 D面

DOCTOR BAG

## MATERIALS 材 料 以下裁布示意圖，均以幅寬110cm布料作示範排列

**單色布1**

| | | |
|---|---|---|
| 內袋前裡布 | 依紙型裁剪 | 一片 |
| 內袋後裡布 | 依紙型裁剪 | 一片 |
| 外袋裡布B | 依紙型裁剪 | 一片 |
| 口金通布 | 裁48×4cm（含縫份） | 共二片 |

**單色布2**

| | | |
|---|---|---|
| 內袋前表布 | 依紙型裁剪 | 一片 |
| 內袋後表布 | 依紙型裁剪 | 一片 |

**單色布3**

| | | |
|---|---|---|
| 外袋前表布 | 依紙型裁剪 | 一片 |
| 外袋後表布 | 依紙型裁剪 | 一片 |
| 外袋裡布A | 依紙型裁剪 | 共二片 |
| 外袋裡布C | 依紙型裁剪 | 共二片 |

外袋裡布C
外袋裡布C
外袋前表布
外袋裡布A
外袋後表布
外袋裡布A

**其它副料**

| | |
|---|---|
| 貼布縫圖案布 | 一片 |
| 長50cm拉鍊 | 一條 |
| 寬2.5cm人字帶 | 約需135cm |
| 30cm微ㄇ型支架口金 | 一組 |
| 側口袋皮片 | 二片 |
| 可調式肩背提把 | 一組（二條） |

## INSTRUCTIONS 作 法 除特別指定外，縫份均為1cm

### ❶ 內袋表布的製作

1 內袋前／後表布各一片，正面相對下邊縫合。

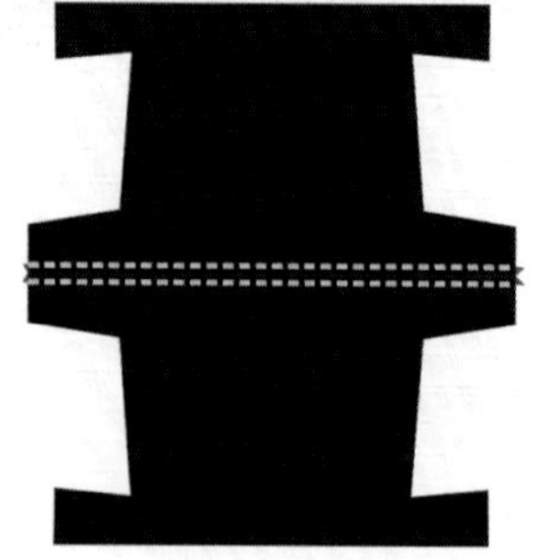

2 縫份攤開並壓車，成為內袋表布一整片。

### ❷ 內袋裡布和口金通布的製作

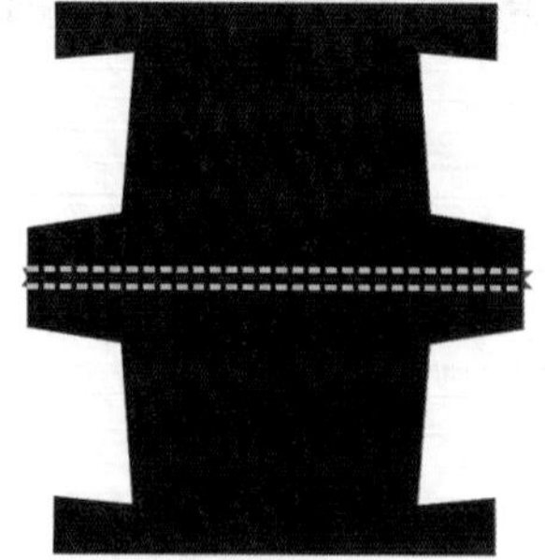

3 內袋前／後裡布各一片，接縫成一整片，縫份攤開並壓車。

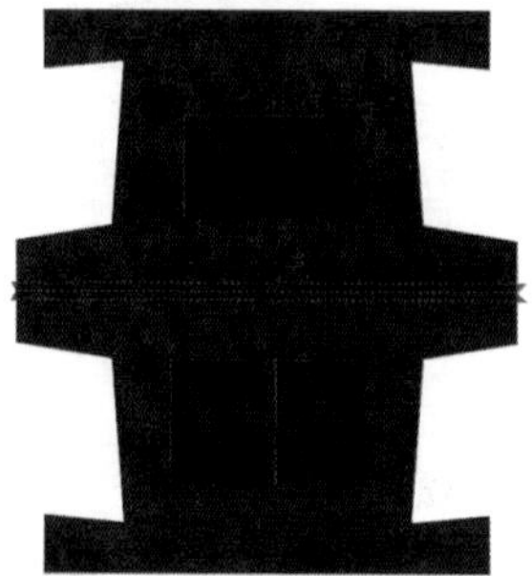

4 依喜好縫製內裡口袋。

5 口金通布二片。二端折入1cm，分別壓車一道直線。

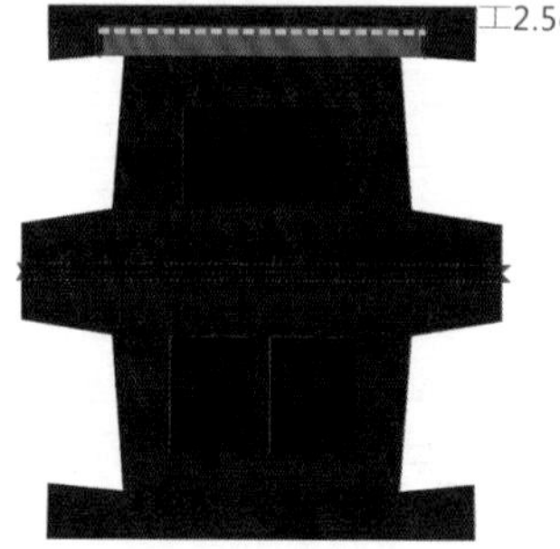


6 取一片通布，正面朝下，置中對齊於內袋前裡布上邊入2.5cm處，車縫一道直線（車縫縫份為0.5cm）。

7 通布往上翻，與裡布上邊粗縫固定。

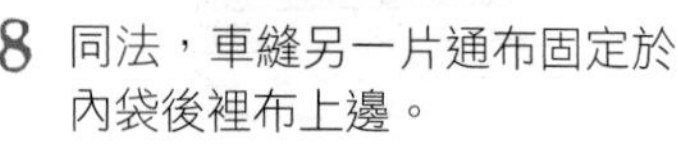

8 同法，車縫另一片通布固定於內袋後裡布上邊。

### ❸ 內袋的組合

9 內袋表裡布正面相對，上邊夾車長50cm拉鍊。

10 裡布翻至表布背面，沿拉鍊旁壓車一道臨邊線。

11 同法，內袋表裡布下邊夾車拉鍊另一邊並壓車。注意，拉鍊縫合完成的寬度應控制在1cm左右。

12 接下來，如圖，分別車縫拉鍊左右端。

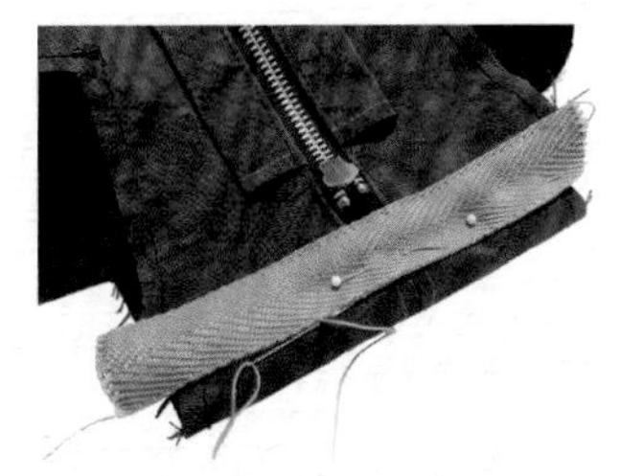

13 縫份倒向下，以人字帶覆蓋縫份，手縫立針縫固定人字帶。

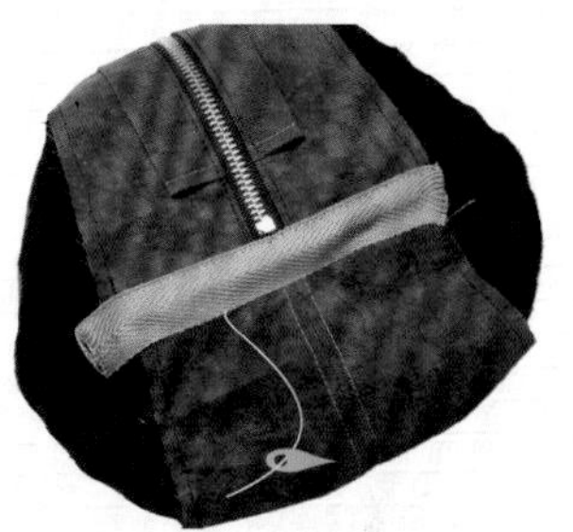

14 同法，以人字帶覆蓋另一端縫份，手縫立針縫固定人字帶。

## ④ 外袋表布的製作

15 外袋前／後表布各一片，正面相對下邊縫合。

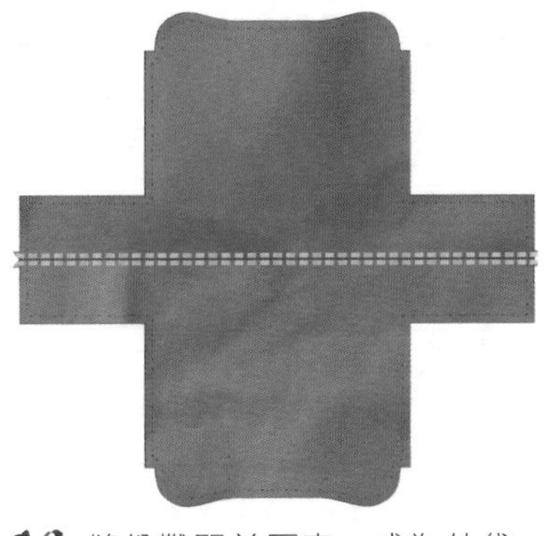

16 縫份攤開並壓車。成為外袋表布一整片。

17 準備貼布縫圖案布一片。

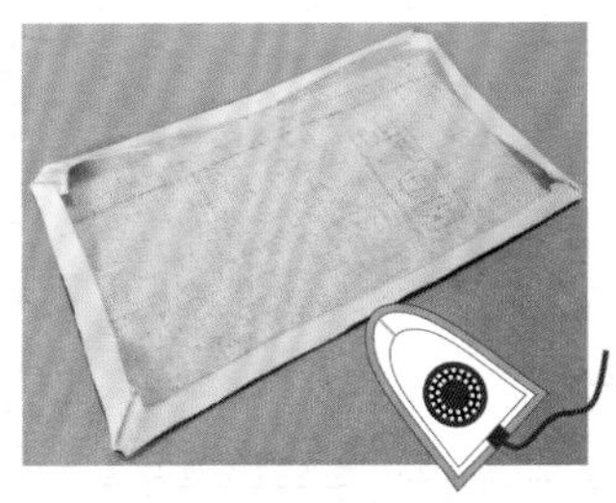

18 將圖案輪廓外的縫份內折燙好。

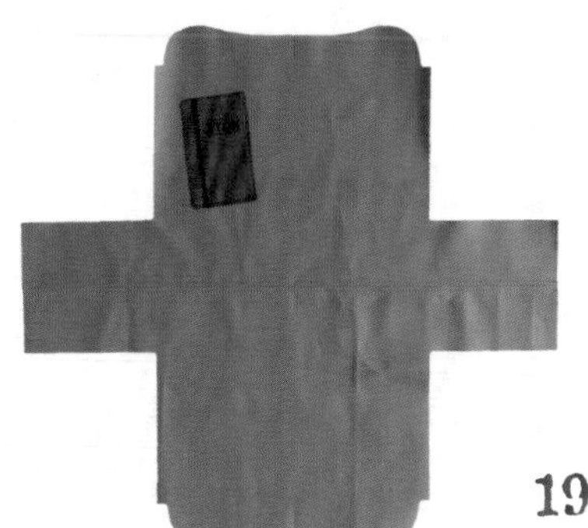

19 然後，車縫固定於外袋前表布適當位置。

## ⑤ 外袋裡布的製作

20 外袋裡布B一片，外袋裡布A二片，外袋裡布C二片。如圖，接縫成一整片；縫份倒向B並壓車。

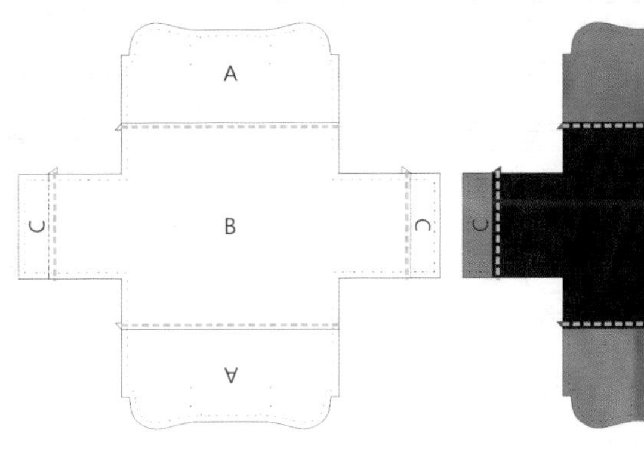

## ⑥ 外袋的組合

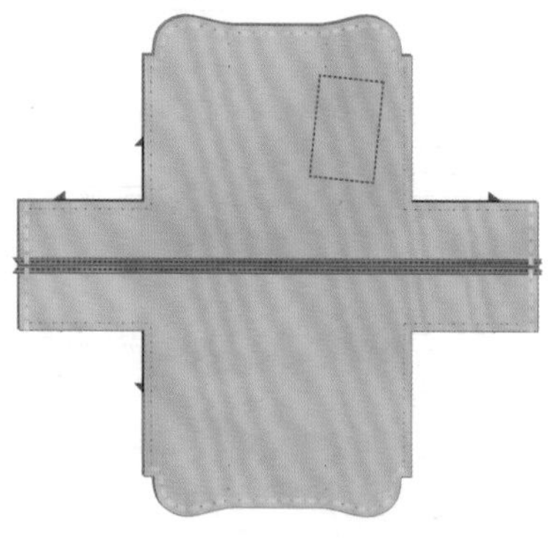

21 依喜好縫製內裡口袋。

22 外袋表裡布正面相對，如圖縫合四邊。

23 弧度邊的縫份剪牙口。

24 尤其需特別留意轉角處的牙口。

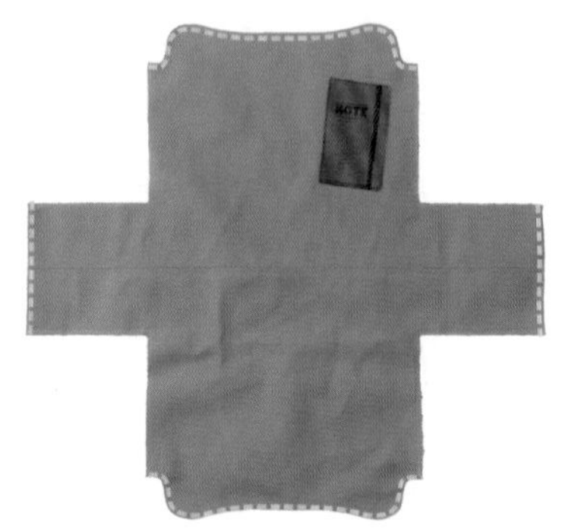

25 然後，翻回正面，如圖，壓車臨邊線。

## ⑦ 全體的組合

26 將內袋放入外袋裡，側邊對齊粗縫固定。

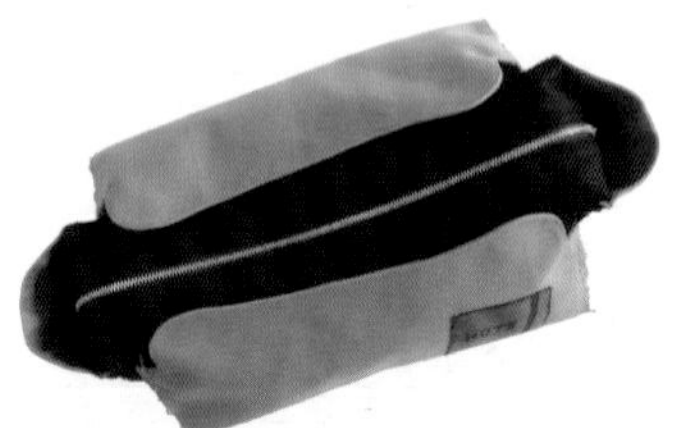

27 〈俯視如圖〉

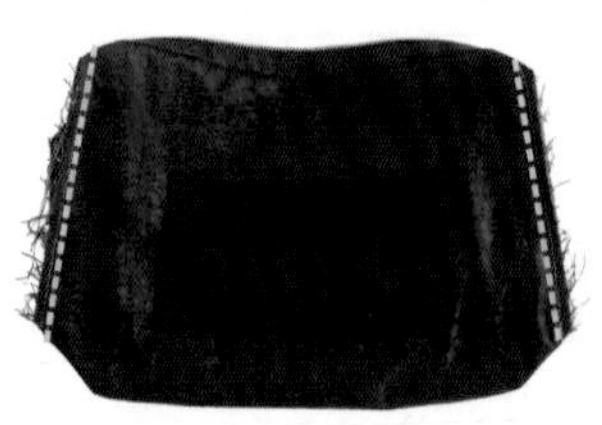

28 全體翻回裡面，車縫前／後兩側邊。

29 再以人字帶車縫包覆縫份。

30 注意，人字帶頭尾端需往內折藏入。

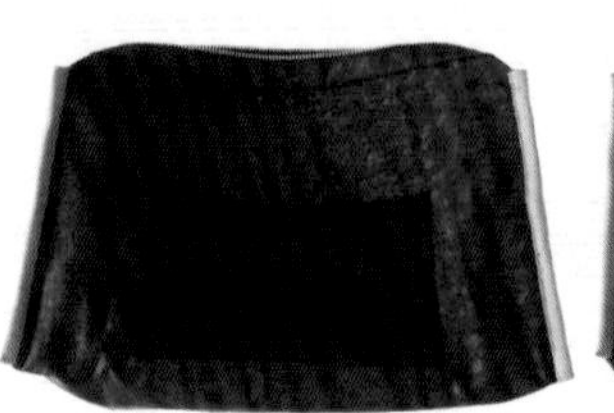

31 完成如圖。

32 全體翻回正面，將口金穿入前／後口金通布內。

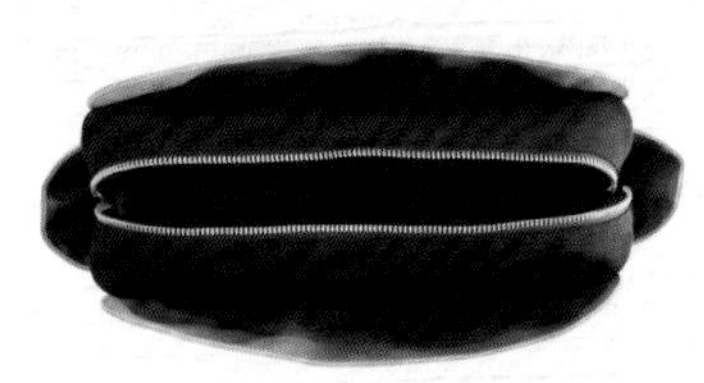

33 調整好口金位置，完成狀態如圖。

34 於適當位置固定提把。兩側口袋手縫皮片。完成！

## Grey灰色 for Virgo處女座

Virgos like to be in order. They will benefit from all shades of black and grey colors.

## Green綠色 for Gemini雙子座

Geminis deepest need is communication and therefore all shade of green to hep them maintain their poise.

### Rose pink 玫瑰粉 for Cancer 巨蟹座

Cancers like to have time alone. Any shade of rose pink enables them to be open to new ideas and change.

### Royal blue 皇家藍 for Leo 獅子座

A Leo can be a great leader. Royal blue helps them express their authority in a firm way.

# 機能斜挎包

斜背的便利性賦與了行動的自在，外部不同尺寸的大小口袋，讓使用者自由安排隨身物品的位置。實用又耐看的中性風格，輕易地就能博得喜愛。

紙型
D面

CROSSBODY BAG

難易度：⏰⏰⏰
完成尺寸：W30×W35×D10cm

## MATERIALS 材 料 以下裁布示意圖，均以幅寬110cm布料作示範排列

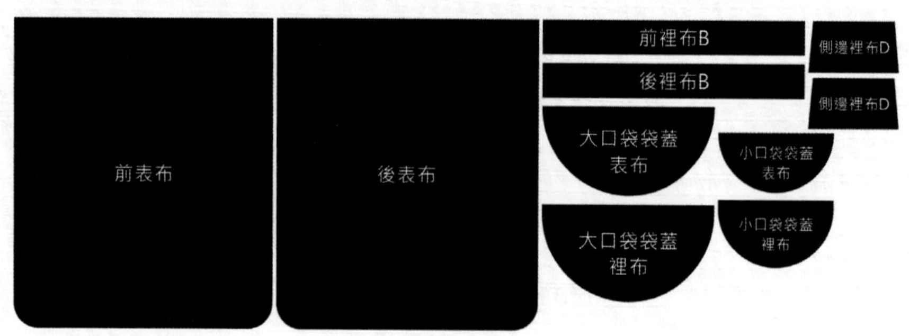


**單色布**

| | | |
|---|---|---|
| 前表布 | 依紙型裁剪 | 一片 |
| 後表布 | 依紙型裁剪 | 一片 |
| 大口袋袋蓋表布 | 依紙型裁剪（上邊不留縫份） | 一片 |
| 大口袋袋蓋裡布 | 依紙型裁剪 | 一片 |
| 小口袋袋蓋表布 | 依紙型裁剪（上邊不留縫份） | 一片 |
| 小口袋袋蓋裡布 | 依紙型裁剪 | 一片 |
| 前裡布B | 依紙型裁剪 | 一片 |
| 後裡布B | 依紙型裁剪 | 一片 |
| 側邊裡布D | 依紙型裁剪 | 共二片 |

**圖案布1**

| | | |
|---|---|---|
| 大口袋布 | 依紙型裁剪（上邊縫份2.5cm） | 一片 |
| 小口袋布 | 依紙型裁剪（上邊縫份2.5cm） | 一片 |
| 側邊表布 | 依紙型裁剪 | 共二片 |

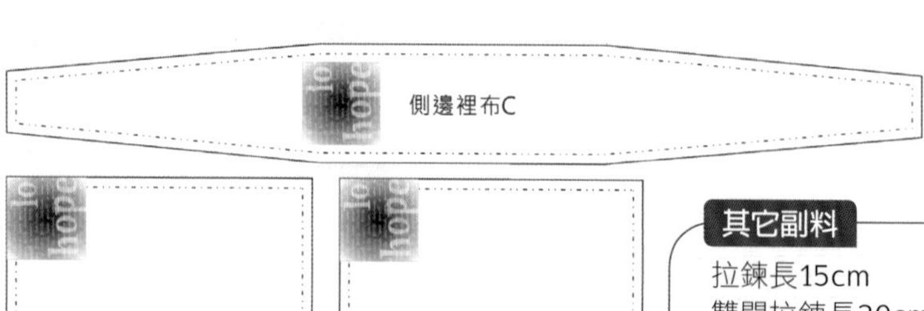


**圖案布2**

| | | |
|---|---|---|
| 前裡布A | 依紙型裁剪 | 一片 |
| 後裡布A | 依紙型裁剪 | 一片 |
| 側邊裡布C | 依紙型裁剪 | 一片 |

**其它副料**

| | |
|---|---|
| 拉鍊長15cm | 一條 |
| 雙開拉鍊長30cm（或長11英吋） | 一條 |
| 8×6m/m鉚釘 | 四組 |
| 皮片磁釦 | 二組 |
| D型環側邊皮片 | 二組 |
| 斜背帶 | 一組 |
| 厚布襯 | 需視實際搭配的布料選擇是否燙襯 |

## INSTRUCTIONS 作 法 除特別指定外，縫份均為1cm

### ❶ 前表布的製作

1 ⊙大／小口袋袋蓋：
大口袋袋蓋表裡布正面相對，U形邊縫合。

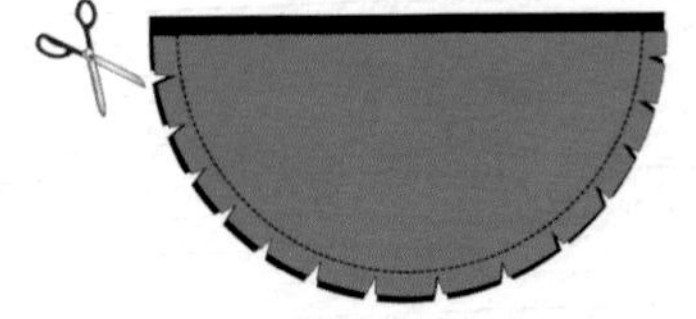

2 弧度邊的縫份剪牙口。

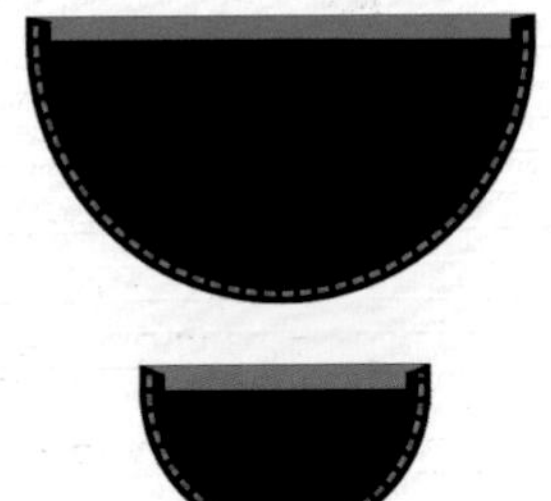

3 由上邊開口翻回正面，U形邊壓車臨邊線。
同法，縫製小口袋袋蓋，完成如圖。

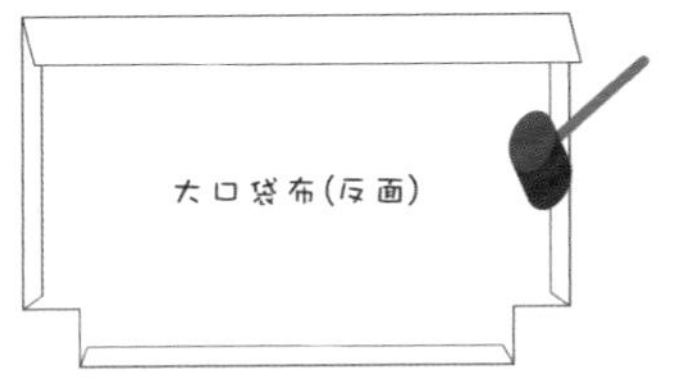


4 ⊙大／小口袋：
大口袋布一片。注意，上邊縫份需留2.5cm。四邊縫份往內折入，以骨筆壓折折痕或以槌子輕敲折痕成形。

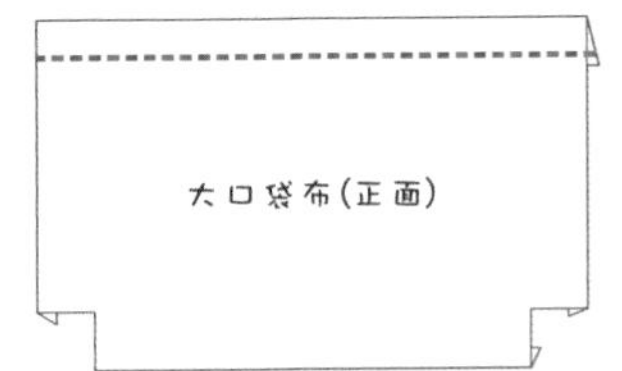


5 上邊折痕入2cm壓車一道直線。

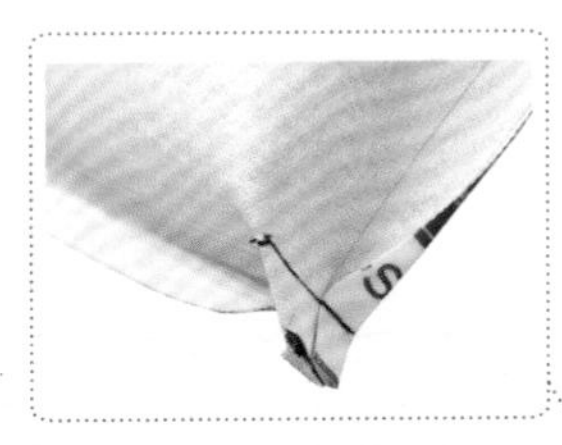

6 底部兩側打角車縫。形成口袋狀。
同法，完成小口袋的縫製。

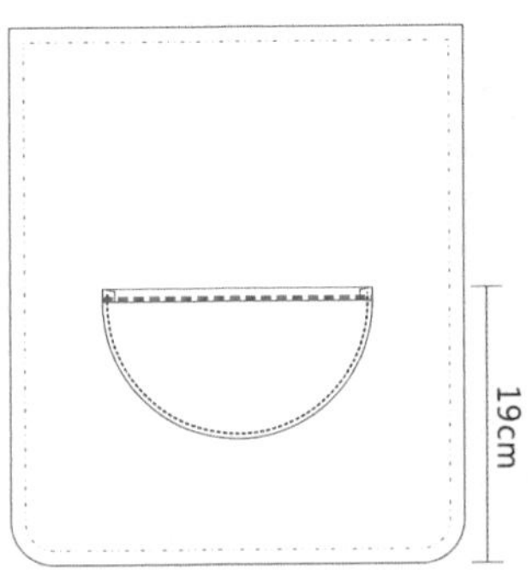


7 裁剪前表布一片。大口袋袋蓋正面朝上，車縫於前表布中央適當位置。

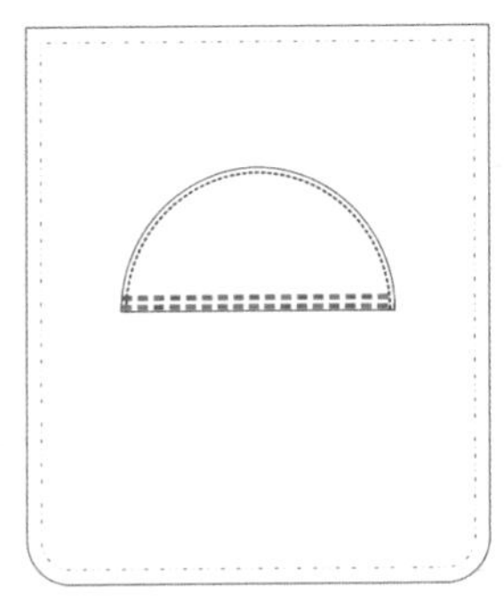

8 袋蓋往上翻，壓車二道直線。

9 車縫大口袋ㄩ形邊固定於前表布中央適當位置（大口袋下邊約距前表布下緣2.5cm），建議分三段（右側／左側／下邊）以壓車臨邊線的方式車縫。

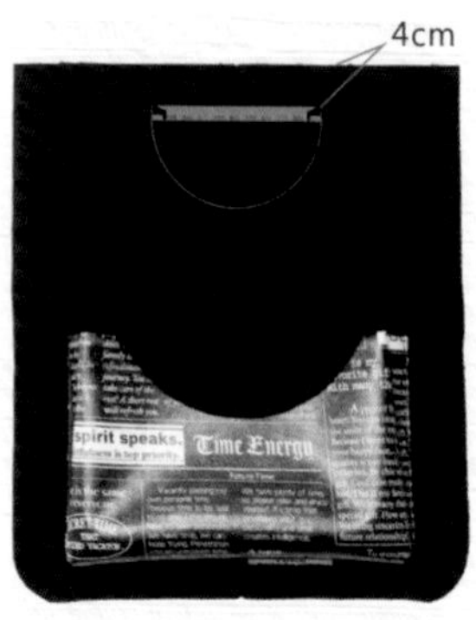


10 小口袋袋蓋正面朝上，車縫於前表布中央適當位置。

11 袋蓋往上翻，壓車二道直線。

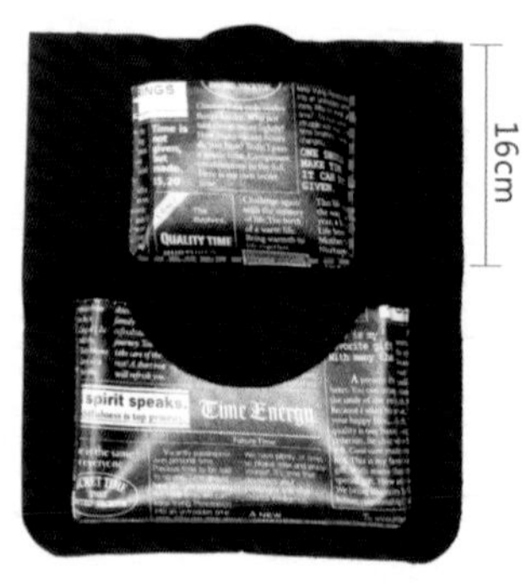


12 車縫小口袋ㄩ形邊固定於前表布中央適當位置。

13 口袋袋口兩端以鉚釘補強固定。

## ❷後表布的製作

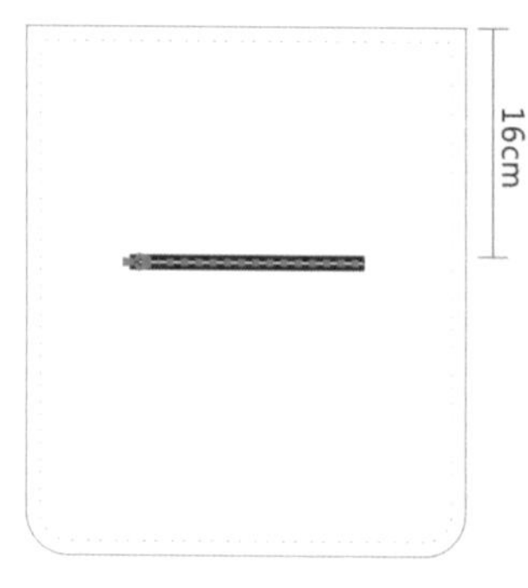


14 於後表布中央適當位置縫製一字拉鍊口袋。示範使用長15cm拉鍊一條。

## ❸側身表布的製作

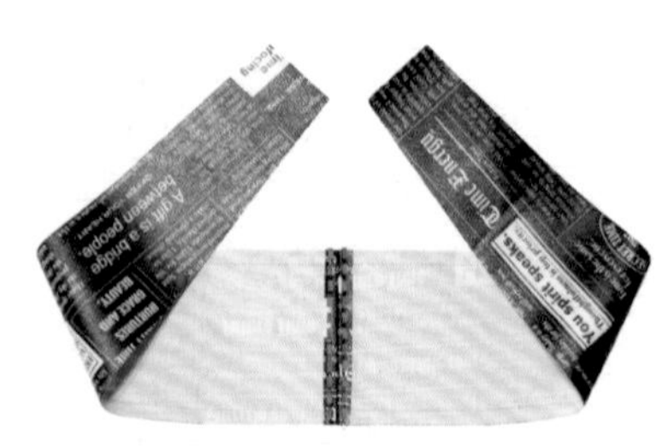

15 接縫二片側邊表布成一整片，縫份攤開並壓車。

## ❹表袋身的組合

16 前／後表布ㄩ形邊分別與側身表布縫合。參照❼裡袋身的組合。

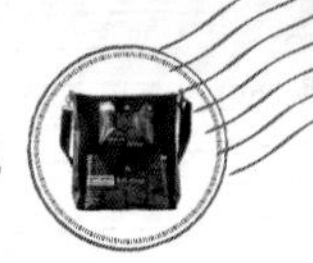

## 5 前／後裡布的製作

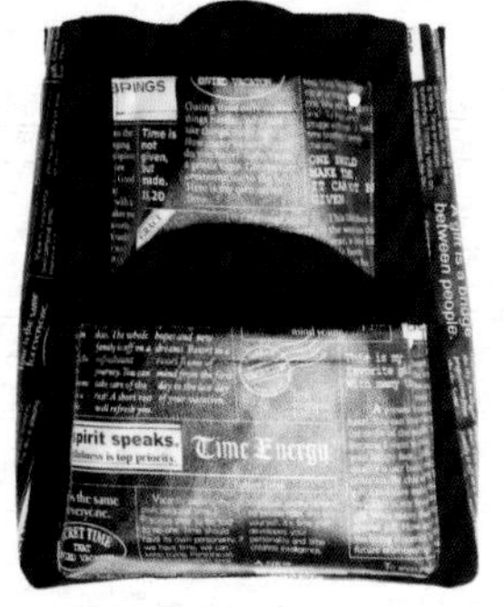

17 翻回正面如圖，至此，完成表袋身。

18 前裡布A上邊接縫前裡布B，縫份倒向下並壓車。

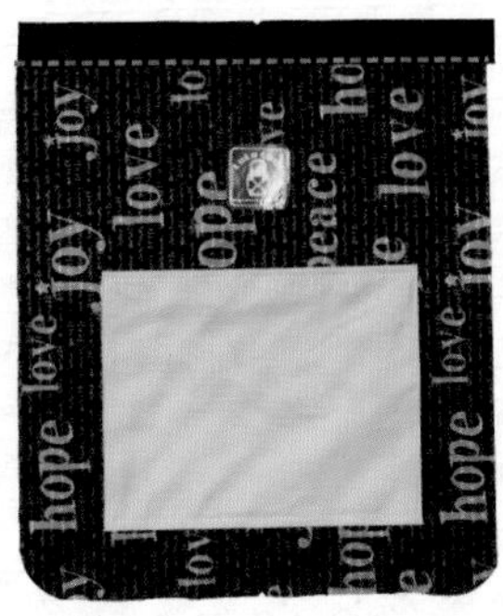

19 後裡布A上邊接縫後裡布B，縫份倒向下並壓車。依喜好縫製內裡口袋。

## 6 側身裡布的製作

20 側邊裡布C兩端分別接縫側邊裡布D，縫份倒向C並壓車，成為側身裡布一整片。

## 7 裡袋身的組合

21 前裡布⊔形邊與側身裡布正面相對縫合。

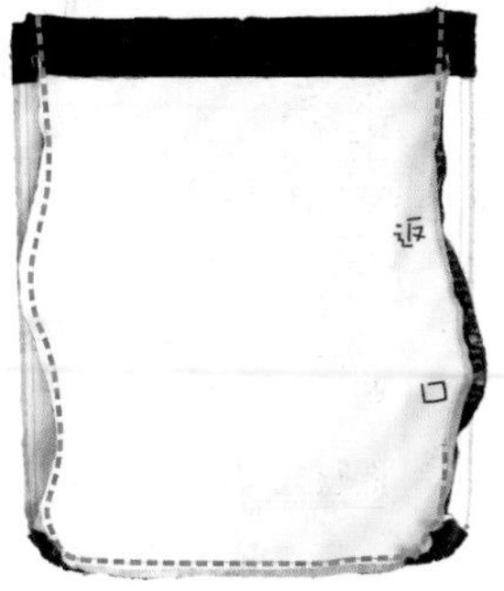


22 後裡布⊔形邊與側身裡布另一邊正面相對縫合，需預留一返口不縫。至此，完成裡袋身。

## 8 全體的組合

23 準備長30cm雙開拉鍊一條，拉鍊頭端如圖先折好。

24 拉鍊正面朝下，粗縫或以雙面膠固定於前／後表布上邊，注意置中。

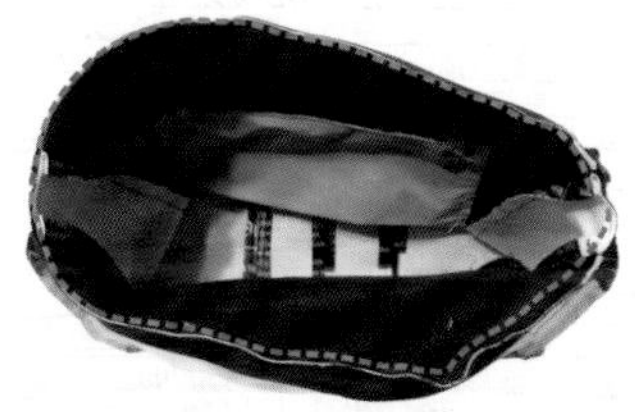

25 表袋套入裡袋，正面相對，上邊縫合一圈。

**26** 由裡布返口翻回正面，上邊壓車臨邊線一整圈。→裡布返口藏針縫。

**27** 於大／小口袋裝置皮片磁釦。

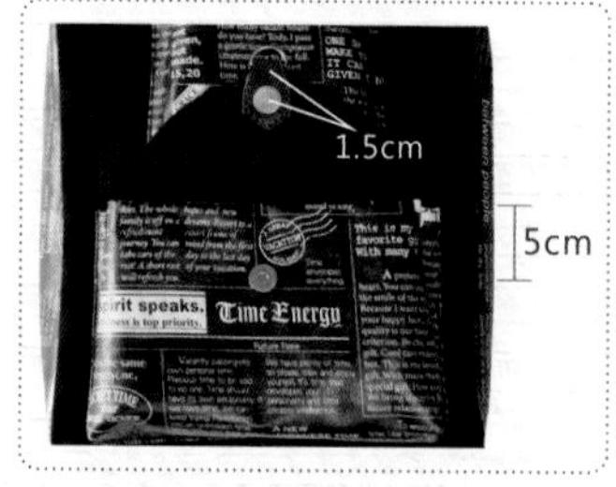


**28** 〈大口袋的磁釦位置〉

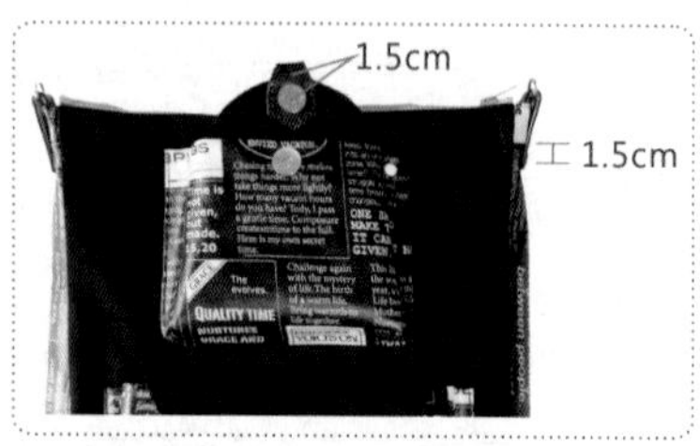


**29** 〈小口袋的磁釦位置〉

**30** 袋口兩側裝置D型環側邊皮片。最後勾上斜背帶，完成！

A right bag can make you look complete. How do you know what your handbag horoscope is? Check this out!

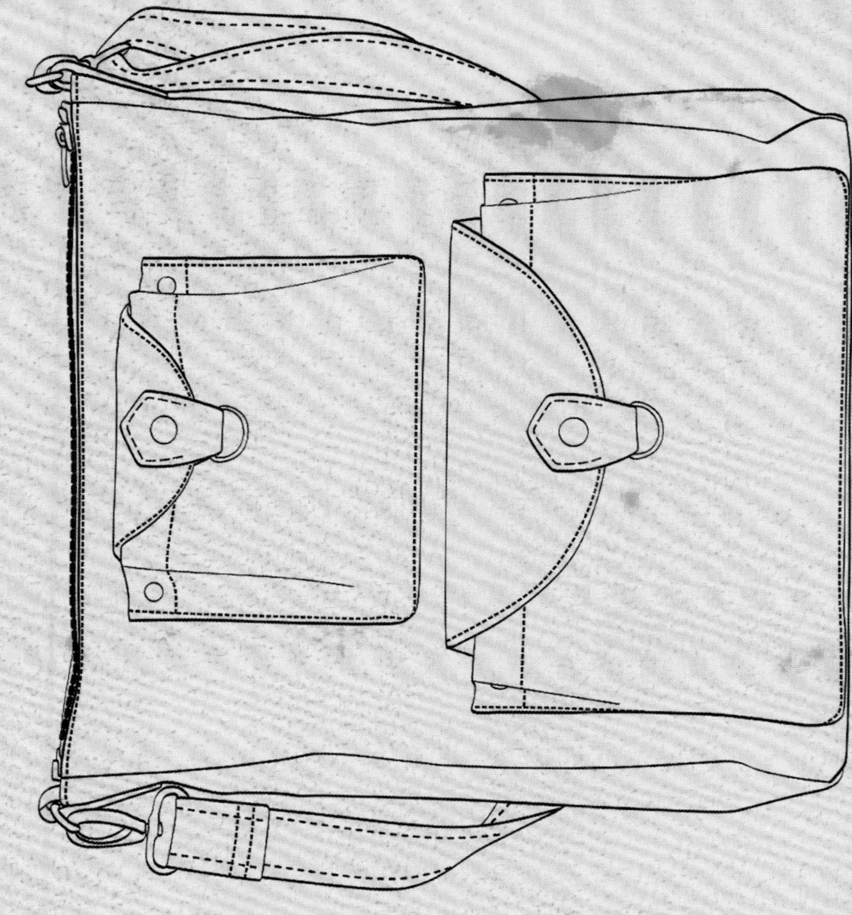

## Black黑色for Scorpio天蝎座

Mysterious Scorpio is the zodiac's most misunderstood sign. Powerful colors for them always include black.

## Grey灰色for Gemini雙子座

Wear something that's grey or silver color will bring all Geminians the most luck.

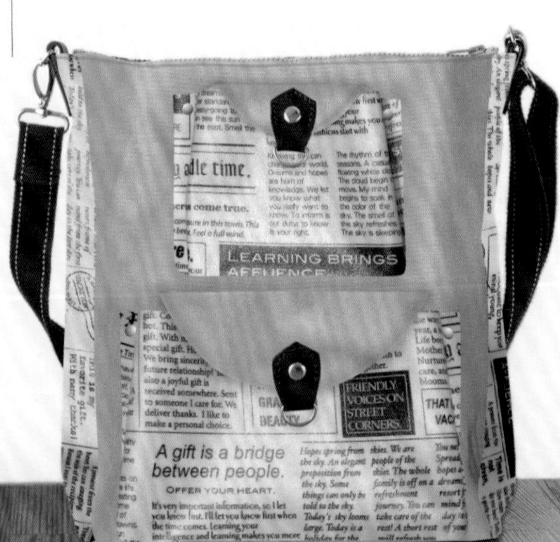

Red, orange, green 紅橙綠
for Aries牡羊座

Through the fire element, Aries will benefit from red, pink, orange and green colors.

Greenish yellow 黃透綠 + purple 紫
for Sagittarius射手座

Mustard yellow, greenish yellow and even purple, play work wonders for Sagittarians.

國家圖書館出版品預行編目（CIP）資料

職人手作包：機縫必學的每日實用包款 / LuLu彩繪拼布巴比倫著. -- 初版. -- 新北市：飛天, 2015.10
面；　公分. --（玩布生活；15）
ISBN 978-986-91094-2-0（平裝）

1.手工藝　2. 手提袋

426.7　　104018240

玩布生活15

職人手作包 機縫必學的每日實用包款

作　　者／LuLu彩繪拼布巴比倫
總 編 輯／彭文富
編　　輯／張維文
攝　　影／蕭維剛
美術設計／曾瓊慧
紙型排版／菩薩蠻數位文化有限公司

出版者／飛天出版社
地址／新北市中和區中山路二段530號6樓之1
電話／(02)2223-3531・傳真／(02)2222-1270
臉書粉絲專頁／www.facebook.com/cottonlife.club
部落格／cottonlife.pixnet.net/blog
E-mail／cottonlife.service@gmail.com

■發行人／彭文富
■劃撥帳號／50141907　■戶名／飛天出版社
■總經銷／時報文化出版企業股份有限公司
■倉庫／桃園縣龜山鄉萬壽路二段351號
■電話／(02)2306-6842
初版／2015年11月
定價／380元
ISBN／978-986-91094-2-0